【初中版】

二十四节气食育与劳动

王长啟　范宏军　主编

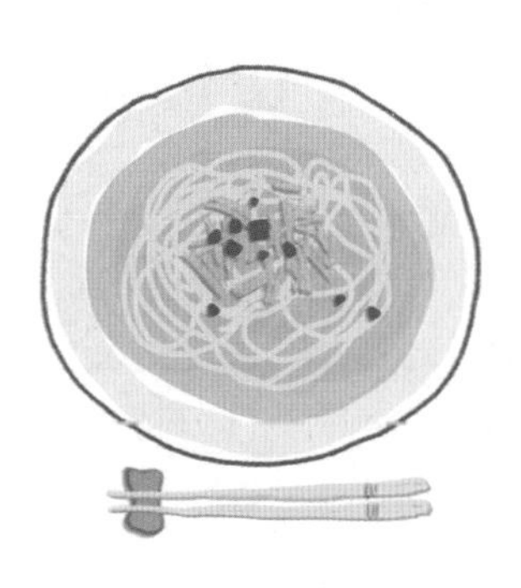

全国百佳图书出版单位
中国中医药出版社
·北　京·

图书在版编目（CIP）数据

二十四节气食育与劳动：初中版 / 王长啟，范宏军主编．—北京：中国中医药出版社，2023.9

ISBN 978-7-5132-8264-2

Ⅰ．①二… Ⅱ．①王… ②范… Ⅲ．①二十四节气–青少年读物②营养卫生–青少年读物③劳动教育–青少年读物 Ⅳ．① P462-49 ② R153.2-49 ③ G40-015

中国国家版本馆 CIP 数据核字（2023）第 115420 号

中国中医药出版社出版

北京经济技术开发区科创十三街 31 号院二区 8 号楼

邮政编码　100176

传真　010-64405721

河北品睿印刷有限公司印刷

各地新华书店经销

开本 710×1000　1/16　印张 13.75　字数 171 千字

2023 年 9 月第 1 版　2023 年 9 月第 1 次印刷

书号　ISBN 978－7－5132－8264－2

定价　47.00 元

网址　www.cptcm.com

服 务 热 线　010-64405510

购 书 热 线　010-89535836

维 权 打 假　010-64405753

微信服务号　zgzyycbs

微商城网址　https://kdt.im/LIdUGr

官 方 微 博　http://e.weibo.com/cptcm

天猫旗舰店网址　https://zgzyycbs.tmall.com

如有印装质量问题请与本社出版部联系（010-64405510）

《二十四节气食育与劳动：初中版》

编委会

主　　编　王长敨　范宏军

执行主编　尹　芳　马素玲　李洪仕　赵　虹

副 主 编　高　晶　张运玺　张　玲　李桂冬　李　楠　周贤俊
刘　楠　黄宇帆

编　　委（按姓氏笔画排序）
于　杨　于　鹰　马少婕　王　伟　王清霞　王景宣
邓　洁　刘顺子　许均涛　何　瑜　张　琳　练　宏
孟哲虹　赵　卉　黄雨昕　接　婕　曹振生　韩伟民
程巧丽　樊　杨　德　丹

插　　图　王长敨　张　琳　赵　卉　王景宣　李　楠　马颐盟
刘顺子　魏　莹　王子嫣　王伟铭　王菁延　王梦冰
王梓瑶　王偲语　尹乐涵　李子涵　杨恩熙　杨润晗
汪煜涵　张羽宸　张萱宁　邵雨婷　周语涵　孟昭洋
赵思媛　宫曼殊　班歆然　敖　瑞　耿明宇　徐恩浩
黄　雯　惠一萌

为了深入贯彻习近平总书记关于教育的重要论述，2018 年全国教育大会提出：劳动教育是我国德智体美劳全面发展教育方针的重要组成部分。2020 年，《中共中央 国务院印发关于全面加强新时代大中小学劳动教育的意见》发布，2020 年教育部印发实施《大中小学劳动教育指导纲要》，2022 年教育部发布《义务教育劳动课程标准（2022 年版）》。从这些政策、文件、课程纲要到课程标准，可以清晰地看出国家对劳动教育是一步一步在不断细化，并整体构建了劳动教育课程体系，凝练了学生必备的核心素养。

从劳动教育的内容看，包括日常生活劳动、生产劳动和服务性劳动三个方面，引导学生从现实生活的真实需求出发，通过设计制作、实验、探究等方式在真实的情景下动手操作，亲身体验，经历完整的劳动实践过程。劳动教育涉及到社会和生活的各个方面，除了学校的教师之外，学生的家长也可以成为劳动教育实践中的组织者、指导者、参与者、促进者、评价者、呵护者。《二十四节气食育与劳动》这套书（分小学版、初中版、高中版），就是为这些愿意和学生一起开展劳动教育的实践者编写的。

《义务教育劳动课程标准（2022 年版）》中指出，学生要主动承担一定的家庭清洁、烹饪、家居美化等日常生活劳动，进一步加强家政知识和技能的学习与实践，理解劳动创造美好生活的道理，提高生活自理能力，增强家庭责任意识。劳动内容中明确规定烹饪与营养是日常生活劳动的重要内容。参与简单的家庭烹饪劳动，如择菜、洗菜等食材粗加工，根据需要选择合适的工具削水果皮，用合适的器皿冲泡饮品，初步了解蔬菜、水果、饮品等食物的营养价值和科学食用方法。在素养表现方面，能在家庭烹饪劳动中进行简单的食材粗加工，掌握日常简单烹饪工具、器皿的使用方法和注意事项。树立安全劳动意识，以及“自己的事情自己做”的生活自理意识，初步具有科学处理果蔬、制作饮品的意识和能力。长敞先生的《二十四节气食育与劳动》这套书中的内容和践研标准与劳动教育任务群的要求完全一致，也是劳动教育任务群的具体展开和实施。

综合实践活动是面向中小学生的必修课程，是从学生的真实生活和发展需要出发，从生活情境中发现问题转化为活动主题，通过探究、服务、制作、体验等方式，培养学生综合素质的跨学科实践性活动。《二十四节气食育与劳动》中的每一章节都是很好的综合实践活动主题，既可以在学校实施，也可以在家庭中实施，教师和家长都可以是活动的导师。《二十四节气食育与劳动》又是按照二十四节气编写的，可以在一年中的任何时段进行活动，是综合实践活动整体实施中的重要活动内容，为中小学生提供了丰富的劳动和综合实践的教育内容，对当前教育改革的深入实施起到了促进作用。会吃的孩子最健康，会做饭的孩子最幸福！所以这是一本送给孩子们的有价值的参考书和学生读物。

中国教育学会教育管理专业委员会课程专家
北京教育科学研究院基础教育教学研究中心　陶礼光

2023 年 4 月

二十四节气是中国人民的伟大创造，闪耀着东方智慧，是中华传统文明的代表性符号之一，伴随着中华文化的复兴，正不断影响着世界。二十四节气是农耕文化的产物，浓缩了中国古代先人对天气变化及如何适应环境的理解，它不仅是农业生产的规划表，还与我们生活的方方面面有着密切的联系。在人类文明和科学技术高度发达的二十一世纪，二十四节气所蕴含的生活智慧之所以依然深入人心，得益于人与自然和谐相处的永恒法则。高度城市化、快节奏的现代生活方式，让人们愈加认识到回归自然的弥足珍贵和舒畅自由！

《二十四节气食育与劳动》这套书（分小学版、初中版、高中版）以二十四节气文化为核心，从生命健康、地理气候、生物生态、物理科学四个层面，结合食育教学中趣味盎然的节气膳食制作知识进行了介绍，让同学们在日常生活中就能够切身感受到不同节气的自然变化异同，进而提升对于节气文化的理性认知，于潜移默化中强化同学们对传统文化的学习和掌握。同时，本书有针对性地设计了劳动实践内容，为学生劳动课提供了丰富的教学资源，教育学生要尊重自然、敬畏自然、顺应自然，要热爱劳动，注重对学生优秀品德和责任心的培养。这是一门极富创新性的课程，我想肯定会受到广大师生的欢迎。

书中涉及的生命健康和养生知识与中医药文化密切相关。中医药学是中华民族的伟大创造，是中国古代科学的瑰宝，是打开中华文明宝库的钥匙，为中华民族繁衍生息做出了巨大贡献。中医的理论奠基之作《黄帝内经》有云“天覆地载，万物悉备，莫贵于人，人以天地之气生，四时之法成”，强调人是自然界的一分子。中医药学自古至今未曾忽弃的底色本质，便是其始终亲近自然、遵循自然、效仿自然的医学启源模式。因此，二十四节气文化和中医药学有着共同的传统文化根基，两者相互影响，是深入中华民族骨髓的文化基因。近年来，我国特别重视中医药文化进校园的创新模式，强调要引导中小学生了解中医药文化的重要价值，推动中医药文化贯穿国民教育始终。很高兴看到《二十四节气食育与劳动》这套书有机融入了中医药知识，这将进一步丰富中小学中医药文化教育内涵，激发学生对中华传统文化的自豪感与自信心，也有助于中小学生养成良好的健康意识和生活习惯，为精彩的人生打下健康的基础。

人与自然是生命共同体，大自然是人类赖以生存发展的基本条件。二十四节气和中医药文化都是中华民族敬畏自然、顺应自然先进理念的文化产物，希望同学们在这门课程的学习过程中，有所感，有所悟，有所获！

《中医药文化中小学生读本》执行主编　何清湖

2023 年 4 月

春雨惊春清谷天，夏满芒夏暑相连。

秋处露秋寒霜降，冬雪雪冬小大寒。

轻吟着这首从孩提时便耳熟能详、脍炙人口的《二十四节气歌》，不得不赞叹我们古人的智慧和伟大。二十四节气是我们中华民族传承几千年的文化精髓。她从上古时期刀耕火种的黄河流域先民中走来，她从人类与自然气候环境的艰苦抗衡中走来，她从人类努力追求与大自然和谐共生的漫长历程中走来，她从人类观察大地与日月运行的规律中走来，是刻着农耕文明印记的数个时代人类认识自然的集体智慧结晶。

二十四节气的美是大自然赐予的。寒来暑往，物候变化，人们依据节气变化来感知世界。“惊蛰”是一声春雷惊醒了泥土中沉睡的小虫，竹笋顶开了泥土；“小满”是麦苗的疯长，每一株麦子都饱满起来，在阳光下都是向上的力量。人们依据节气的民谚来储备物资。“小雪腌菜，大雪腌肉”“清明吃青团，立秋吃西瓜”“冬至饺子，夏至面条”的风俗今天依旧盛行。人们依照节气调配古方进行养生，如“春夏养阳，秋冬养阴”“冬病夏治”。人们依据节气总结农谚春耕、夏耘、秋收、冬藏，如“立春天渐暖，雨水送肥忙”“到了惊蛰节，锄头不停歇”“小满前后，种瓜点豆”等。二十四节气是中国人尊重自然、适应自然、与自然和谐共生共荣宇宙观的体现。

二十四节气与民俗相结合，形成了独特的节令饮食文化，是中国古代劳动人民智慧的沉淀，也是人类把天文与农耕技术极佳结合的重大成就，更是人类尊重自然、走向自由的里程碑，理应跨出国门，向世界展示中国的古代创造及丰富多样的民间文化和艺术，为世界文明注入中国传统文化的基因。同时，二十四节气对于增强我国农业自信、发展现代新农耕文明具有深远的意义！

二十四节气与劳动密切相连。自古以来，劳动人民的春播、夏管、秋收、冬藏都是依照二十四节气来安排的。跟着“二十四节气”知习俗、乐劳动，探究那些光阴里的中国智慧。在自然与人文的融通中，认识农作物，学习劳动技能，养成劳动习惯，形成劳动意识。种下梦想，收获幸福。劳动如此，人生亦然。

《二十四节气食育与劳动：初中版》对二十四节气进行了详细介绍，并涵盖了节令饮食、劳动创造、民俗和农谚，配以水墨民俗插画。同时，站在不同师者的角度，各以其独特的视角，给出许多趣味解释和说明，图文并茂，活泼生动。编辑本书意在既面向未来的文明传承做些努力，也为我国当代文明的立意与国际文明的接轨提供绵延的动力。

范宏军

2023 年 5 月

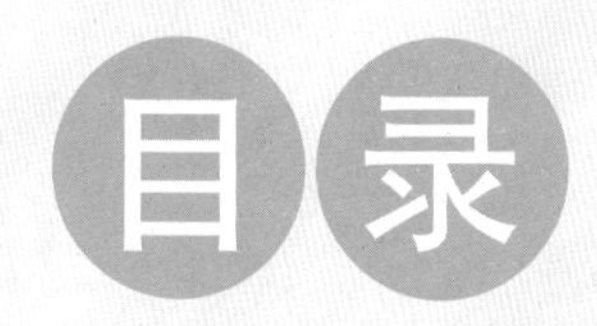

目录

二十四节气——
中华传统文化的智慧结晶

二十四节气七言诗

地球绕着太阳转，绕完一圈是一年。
一年分成十二月，二十四节紧相连。
按照公历来推算，每月两气不改变。
上半年是六廿一，下半年逢八廿三。
这些就是交节日，有差不过一两天。
二十四节有先后，下列口诀记心间：
一月小寒接大寒，二月立春雨水连；
惊蛰春分在三月，清明谷雨四月天；
五月立夏和小满，六月芒种夏至连；
七月小暑和大暑，立秋处暑八月间；
九月白露接秋分，寒露霜降十月全；
立冬小雪十一月，大雪冬至迎新年。
抓紧季节忙生产，种收及时保丰年。

二十四节气最早起源于上古农耕时代

早在春秋战国时期，农业生产是维系整个社会存在和发展的根基，搞好农业生产自然成为人们生活中最重要的事情。但是要搞好农业生产，首先得掌握农时，把握自然气候的变化规律，利用最有利的时节播种，最大限度地减少农作物的损失。那么怎样才能有效地把握自然变化的规律呢？开始的时候，人们从观察物候的变化入手。什么叫物候？就是自然界生物和非生物对气候变化的反应。这些反应都是有规律可循的。

西周和春秋时代的人们用土圭来测日影，利用直立的杆子在正午时刻测其影子的长短，把一年中影子最短的一天定为夏至，最长的一天定为冬至，影子为长短之和一半的两天分别定为春分、秋分。

战国末期，《吕氏春秋》中又出现了立春、立夏、立秋、立冬四节气的记载。到汉代时，历时数千年，既反映季节，又反映气候现象和气候变化，能够为农牧业提供生产日程的二十四节气全部完备。现行的二十四节气来自三百多年前订立的根据太阳在回归黄道上的位置来确定节气的方法，即在一个为 360° 圆周的“黄道”（一年当中太阳在天球上的视路径）上，划分 24 等份，每 15° 为 1 等份，太阳在黄道上每运行 15° 为一个节气。依据“太阳黄经度数”划分的节气，始于立春，终于大寒，这种二十四节气的划分方法自 1645 年起沿用至今。

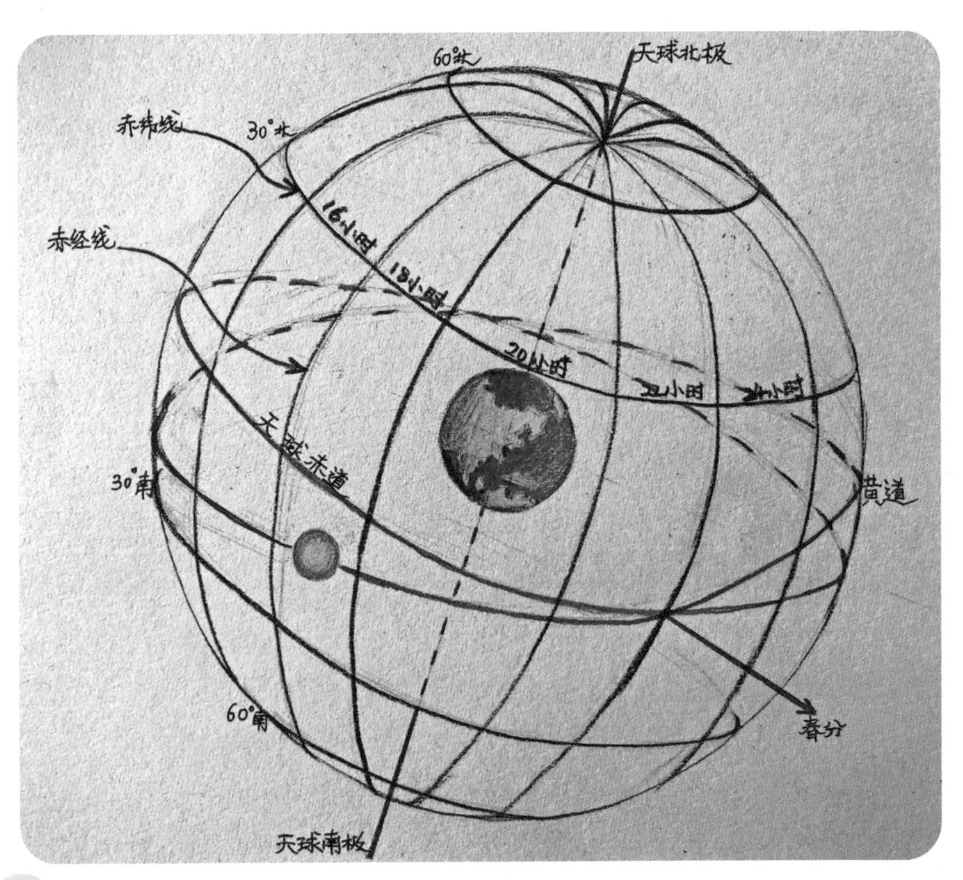

勤劳智慧的古人，在确定二十四节气的名称时，也考虑到了当时的气候变化、物象反应及农事活动。预示季节转换的有立春、立夏、立秋、立冬、春分、夏至、秋分、冬至八个节气，反映气温变化的有小暑、大暑、处暑、小寒、大寒、白露、寒露、霜降八个节气。而雨水、谷雨、小雪、大雪四个节气预示的是降水的时间和程度。惊蛰、清明、小满、芒种四个节气则反映了自然界生物顺应气候变化而出现的生长发育现象与农事活动情况。

二十四节气是中国古代劳动人民智慧的结晶，它浓缩了对天气及如何适应环境的理解。其意义深远，用途广泛，与我们生活的方方面面都有着密切的联系，它不仅是农业生产的规划表，也是重要的民间传统节令，指导着人们的生活。时至今日，二十四节气的饮食和养生也备受人们的推崇。

二十四节气不但和农时、农作物、气候、地理有关，也与我们的身体、心理、生活、疾病有关，与我国的中医理论、中医治疗、食疗、中医养生密切相关。

第一章

立春

公历每年

2月3日至5日

太阳到达黄经315°时

为立春

京春将至　咬春当时

春饼益食　合理膳食

强身健体　劳作种植

立春一日　百草回芽

立春时，北方人的食物还是以冬季储存的大白菜、土豆、白萝卜、胡萝卜、洋葱、干菜、咸菜等为主，主食以大米、玉米面、白面为主，还会有一些大豆（黄豆）、绿豆、红小豆。但在过去，这个时节往往会面临“青黄不接”的窘境。

一方面，是因为“打春（立春）”开始，大白菜的丝就会出“筋”，还有就是大白菜会长出芽子来。土豆也会长芽，土豆长芽就不能食用了。

另一方面，早在三四十年前，我们饮食的食材主要来源还是本地域的自然生长作物。在我国的南方，食物种类会多于北方，南方人餐桌上的食物种类比北方人的要丰富得多。

随着社会的发展、经济水平的提高、交通的便利，现在我们餐桌上的食物已经不再分东南西北了，也不再分一年四季了，各地、各季的食物已经可以同时占领市场和餐桌了。

第一节　节气课

一、健康老师有话说

阳气上升，多吃些升发食物：打春（立春）以后，我们身体的各个细胞开始活跃，筋骨开始“松动”，体内的阳气开始上升。在这个时节，应该多吃些升发的食物，如绿豆芽、黄豆芽等芽菜，也可以多吃些升阳的食物，如韭菜、韭黄、蒜黄、蒜苗等。打春后，肝气升发，也是肝病的高发季节。细菌、微生物也开始滋生，脑膜炎也容易流行。因此，人们要注意饮食卫生，也要少吃辛辣、过咸的食物。

立春时节养生粥

粳米、花生、小米、大枣、百合、桂圆一起熬煮成粥。

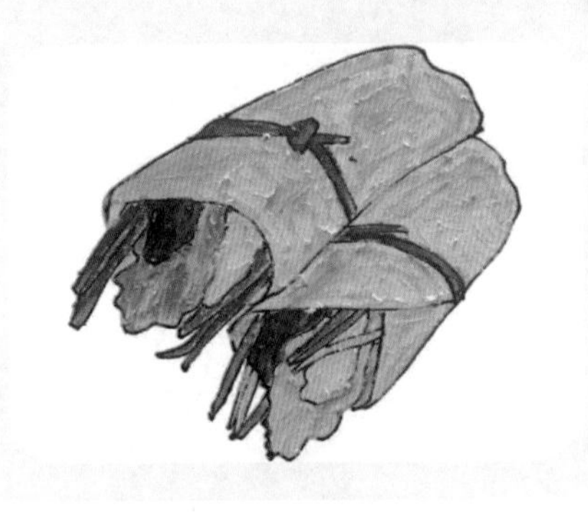

立春的民俗饮食

立春也叫打春、咬春。立春当日，老北京人有吃春饼（荷叶饼）的习俗。

春捂秋冻：立春不等于天气就变暖和了，从体表温度上感觉还是冬天。虽然打春了但天气还是很冷的，气温变化无常。人们应该随春天天气的变化来增减衣服，我们有“春捂秋冻”之说。

二、地理老师有话说

冻土慢慢融化：立春后土壤会开始松动，地表温度也开始上升，冻土会慢慢融化（解冻）。如果庄稼地里有人工积的肥或有机肥的肥堆，这时人们能看到肥堆上冒烟、冒气，说明温度往上走，表层冻土融化，也是告诉人们要准备施肥种地了，河里的冰也要开化了。

春打六九头：在老百姓口中流传着这么一句话叫“春打六九头”，也就是说立春是在传统的“六九”前。古语云：“五九和六九，抬头看毛柳。”意思是到了“五九、六九”时，柳树开始变绿。

春风送暖：春季是风向转向变化中的季节，也是西北风与东南风交替更换频繁的季节。因此，我们国家，特别是北京地区，冬季多西北风，夏季多东南风，而只要是逆向变风，天气就会多发生阴雪、阴雨现象。随着风向的变化，气温也会发生相应的变化。

三、生物老师有话说

春雨过，万物苏：立春后，土地变得潮湿（返潮），各种植物开始返绿，意味着新生命的开始。拨开朝阳处的小草，可以看到里面发绿的小芽。什么毛草呀、蒿子呀，特别是北方的茵陈蒿，返绿最早、最快。北方的冬小麦是粮食作物最早“起死回生”的物种，给青黄不接时的人们带来福音。

第二节　劳动课

春季是一年的开始，有始就有终，春季的劳作，决定着秋冬的收成。

农是水肥当家，无水无肥，庄稼是无法长大的。因此，积肥是春季的主要农活之一。

传统的农家肥是有机肥，主要是由庄稼的秸秆、人畜粪便、草木灰等经过发酵而成的。积肥主要是在秋后和冬季完成，施肥是春季农活的开始。

春季到来后，人们用牛车、马车、小推车把发酵好的肥，也叫熟肥，运到田间地头，再由人肩挑抬运到农田里，根据耕地的大小和所要种植的作物，决定施肥的多少和肥料的种类。

学生可以把肥料均匀地撒在地里，并计算出肥料的用量。

立春谚语

立春晴一日，
耕田不费力。
立春之日雨淋淋，
阴阴湿湿到清明。
雨淋春牛头，
七七四十九天愁。

锄地

劳动评说

没有大粪臭，就没有五谷香。看似又脏又累的农活正是保证五谷丰登的基础，面朝黄土背朝天的农民群众也是全国14亿人口生存的根本。一粥一饭当思来之不易，希望大家在辛苦的田间劳作中培养不怕苦不怕累的精神，体会劳动与汗水的价值。

第三节 营养课

煎春卷

原料：面粉500克，开水150克，凉水150克，绿豆芽、熟鸡肉丝、胡萝卜丝、葱丝。

制作：

1. 250克面粉中加开水150克用筷子搅拌均匀，250克面粉加凉水150克用筷子搅拌均匀。

2. 把两种面放在一起揉好、切剂子（稍大些，是饺子的3倍），擀薄，把擀好的一面刷油，再擀下一个，擀好后一面刷油，所有的剂子都擀好刷油，然后把所有的面皮摞起来，10个左右一组，放进笼屉，盖上锅盖，上汽后大约蒸10分钟出锅。

3. 把胡萝卜、葱切丝，鸡肉撕成丝。

4. 把胡萝卜丝、葱丝、鸡肉丝、绿豆芽放在饼皮上卷起来，用鸡蛋液封口。

5. 不粘锅预热后刷上油，放入春卷煎至两面金黄即可食用。

营养评说

春卷是在中国传统节日食用的一种民间食品，流行于祖国各地，在江南等地尤为盛行。在中国南方，过春节一般不吃饺子，而吃春卷和芝麻汤圆。春卷历史悠久，是由古代的春饼演化而来的。

春卷含有蛋白质、脂肪、糖类、部分维生素及钙、钾、镁、硒等矿物质，因卷入的馅料食材不同，营养成分也大有不同。

春雨如油　草青树绿
水沛土肥　丰收在季
人心似金　体壮如牛
雨水清明紧相连
植树季节在眼前

在雨水节气时，过去储存的菜类食物几乎已经用尽，这个时候北方主要是以食用干菜和咸菜为主，有条件的可以补充豆腐。这个时节，南方的蔬菜种类多于北方，北方有条件的地区会种些菠菜和韭菜，但要盖上草帘子。这两种蔬菜生长的时间短，随时可以上市和食用，也成为北方人最早的时令蔬菜。

雨水节气一到，北方农民们要往农田里运肥、施肥，开始整地、翻地、平地、修渠、打埝，做好春耕的准备工作，适时种植。北方最主要的是给冬小麦施肥、掘地、浇水，掘地的好坏决定着小麦的长势和收成，也是准备在小麦之间套种大豆或其他豆科植物。

第一节　节气课

一、健康老师有话说

多选择健脾胃的甘甜食物：雨水节气的日常食物应多选择健脾胃的甘甜食物，如豌豆苗、藕、香椿、荠菜、春笋、山药、芋头、鱼、荸荠、甘蔗、红枣、燕麦及各种坚果、豆类等，这些食物能够预防雨水时节皮肤干燥，减少心血管疾病的发生。

雨水时节养生茶

枸杞子、黄芪、菊花泡水喝，能滋养内脏之气，助肝阳升发。

雨水时节养生粥

首选红枣莲子粥、薏米山药芝麻粥。

倒春的风，更伤人：雨水是春季的第二个节气，风邪逐渐加重，这个时候的“倒春寒”是最要命的。初春天气变化无常，而人体的毛孔也随着阳气的升发而尽数打开，所以稍微不注意就会感染上风寒。

二、地理老师有话说

天暖，河开，人要勤：随着雨水节气的到来，雪花纷飞、冷气浸骨的天气渐渐消失，而春风拂面，冰雪融化，湿润的空气、温和的阳光和蒙蒙细雨的日子正向我们走来。这个时候，我国大部分地区的气温已达到0℃以上。

雨水节气一旦过去，天气就会“冻人不冻水”了。天气再冷，无论人们的感觉如何，即使天空有小雪纷飞，但河水开化，不再结冰，南方的天气以多雨为主，季风来往频繁，河水开始上涨。

人们准备繁忙种植作物

的同时，也要开始准备预防洪涝灾害和台风了，所以这个节气是人们最紧张、最繁忙的季节。

三、生物老师有话说

要防灾防病：雨水节气的气候恰恰是决定南方的水稻、北方的小麦是否能丰收的根本因素。但是，北方的雨水节气，往往会出现“倒春寒”，北方有“春寒冻死牛”之说，是非常严重的自然灾害。因为冬小麦刚刚“返青”，气温骤降，这对冬小麦是致命的伤害，轻者减产，重者无收。

雨水节气一到，动物也开始渐渐活跃。但是，大部分冬眠动物的身体很瘦弱，生病、死亡率较高。家禽、家畜要好些，对饲养的家禽、家畜要开始增加饲料，因为家禽、家畜要准备繁衍后代了。

所以，农业、畜牧业都要在这一时期注意防灾防病，保证一年的好收成、高产量。

第二节　劳动课

雨水节气要保证土壤中水肥有机结合的程度，用以作为农作物的底肥，也叫基础用肥。

学生可以把春季撒的肥，用农具，如锄头、铁锨翻在田土下面，并由此知道，农肥不能施在田土的表面，必须要施在田土的下面，还不能太深，太深了农作物的根吸收不到养分，如果太浅了或在表面，农作物的根就不往下扎了，很容易干死。所以，施肥也要科学化。

不同农作物所需的肥料种类也不同。

五谷杂粮、豆类主要是草木、农作物的秸秆和人畜粪便，秸秆作肥料也叫作秸秆还田。

种西瓜、烟草主要使用豆饼、麻酱渣子。如果种烟草使用人畜粪便做肥料，种出来的烟草是苦味或辣味的，只有用豆饼或麻酱渣子发酵后做肥料，种出来的烟草才是“正”味。

瓜类也一样，用不同的肥料种出来的果实，味道是不一样的，甜度也不一样。

雨水谚语

雨水落雨三大碗，
大河小河都要满。
春天三场雨，
秋后不缺米。
春雨满街流，
收麦累死牛。

肥料的种类除了上面提到的以外，还有腐质土。主要是由落下的树叶腐烂后与土的混合物。

施肥

劳动评说

在经历了施肥和学习计算用肥量之后，继续学习借助各种农具进行科学化施肥，并结合所学生物、化学等知识，了解不同肥料的营养成分及每种植物在其各个生长阶段的不同需求，寓教于农，从行动中体会实践出真知的含义。

第三节　营养课

腌制酱咸菜

传统的酱咸菜当属老北京的为上品，腌酱咸菜必须得酱足、缸净、菜好、时间长。

原料：小白萝卜（老北京叫酱杆白）、芥菜疙瘩、小黄瓜等，特别是腌制酱瓜，酱瓜要选东北的甜瓜。

制作：

1. 将缸清洗干净，不能有生水。
2. 将准备好的料用水清洗干净，晾干，不能有生水。
3. 把料放入缸内，倒入甜面酱，酱要完全没过菜料。老北京的酱菜是完全用老北京的甜面酱腌制的，不放其他任何东西。

营养评说

酱腌菜是我国各族人民喜欢的调味副食品之一。由于酱腌菜具有鲜甜脆嫩或咸鲜辛辣等独特香味，在过去生活水平较低的年代，深得群众青睐，是人们日常生活中不可缺少的调味副食品。

但腌制过程中，产生的亚硝酸盐会与腌制品中蛋白质的分解产物胺类发生反应，形成亚硝胺。在人体胃的酸性环境里，亚硝酸盐也可以转化为亚硝胺。亚硝胺是一种强致癌物，腌制食品中亚硝酸盐的存在是主要的潜在危害。

要降低这个风险，就要确保腌制时间足够长。一般来说，蔬菜腌制一周左右的亚硝酸盐含量最高，而到20天之后就已经很低了。这个时候再吃，就比较安全了。

第三章

惊蛰

公历每年

3月5日至7日

太阳到达黄经345°时

为惊蛰

惊虫似虎　病菌横孳

危机伏起　伤身损体

灭疾控病　预防为系

过了惊蛰节　春耕不能歇

惊蛰，是雷声惊醒、惊动生命的意思。在我国，特别是北方，惊蛰过后，天气变化大，也会出现雷声。但是，这个节气的前后，也正处在农历的二月份，我国有“二八月，乱穿衣”之说。“二八月”指的是农历二月、八月，这两个月份的气温变化无常，忽冷忽热，所以人们穿衣很乱，各种冬装、春秋装，频频相交登场。人们对温度的感觉也都不一样，怕冷的就多穿点，不怕冷的就少穿点，追赶“时髦”的就穿得更少，但老年人和幼小的孩子还是穿着冬装。所以这个节气的街头，就是服装的博览会。在环境上，北方大部分的土地开始松动，人们完全进入春耕。我国的东北地区，还仍然处在天寒地冻的情况下，但是也不会影响人们的出行和进行农耕的准备。

第一节　节气课

一、健康老师有话说

适当增加肉类、豆制品、水生类食物：饮食方面，现在食物丰富多样，应有尽有，但是我们还是应该多选择时令性的食材，比如春笋、小菠菜、蒜黄、韭黄、绿豆芽、黄豆芽等，这种选择对我们的身体有好处。

惊蛰节气的日常食物应多选新鲜的蔬菜、水果、谷物及肉类和豆制品等含蛋白质丰富的食物，也可以选择一些水生类食物。如春笋、茄子、菠菜、芹菜、青蒜、芝麻、蜂蜜、乳品、豆腐、鱼、禽类肉、柚子、梨、枇杷、罗汉果、橄榄、甘蔗、五谷杂粮、芝麻、核桃、莲子、银耳等，以提高人体的免疫功能。

惊蛰时节养生粥

山药粥。

注意卫生，室内通风，预防传染性疾病的传播：惊蛰是风季的最后一个节气，此时的风邪最为猖狂，它会带动各种病菌到处肆虐，稍不注意，病菌就会侵入人体，所以这时正是流行病的多发期，如流行性感冒、流行性出血热、流行性脑膜炎等。因此，在这个时节，人们要注意卫生，室内适当、适时地通风。体弱的群体、老年群体及幼小的孩子要少去人多密集的场所，预防传染性疾病的传播。这个时节，往往是“一人得病传全家”，所以要时刻防范。这个时节也是心脑血管疾病造成的死亡高发期，所以有高血压、心脑血管疾病的人要多加注意。

二、地理老师有话说

一声春雷叫醒了整个大地，惊醒了所有冬眠的动物：古代传说雷电在秋天的时候藏入泥土中，进入春耕时节，农民伯伯一锄地，雷电就会破土而出，于是一声惊雷叫醒了整个大地，惊醒了所有冬眠的动物，所以这个时期叫作“惊蛰”。

现代气象科学表明，惊蛰前后之所以偶有打雷，是因为大地的温度逐渐升高而促使地面热气上升，或北上的湿热空气势力增强并活动频繁。

三、生物老师有话说

动物苏醒，植物生长：惊蛰节气过后，无论什么样的冬眠动物都会苏醒过来，结束冬眠，开始寻找食物。野生动物体瘦、虚弱，又要开始怀胎、生育后代。所以，这个节气也是动物多病和易发生死亡的时候。家畜也是一样，这个时节发病率也是很高的，南方的禽流感、北方的猪流感都进入高发期，对环境、其他动物、人类的危害是很大的。如我国发生的历次严重的禽流感、猪流感，甚至是严重急性呼吸综合征（“非典”），都发生在这个时节。在这个时节里，人们应该随时警觉。

在植物方面，北方在这个时节，人们也只是做平整土地、维修农具的工作，大部分地区还不能播种。而在我国的南方地区，已经是一片繁忙的景象，大部分农业作物都可以播种了，时令蔬菜更是开始丰富起来，即使是在过去，人们也已经摆脱了青黄不接，进入正常生活状态。在北方，朝阳的比较温暖的地方，野生的植物逐渐开始生长起来了。因为大部分的野生植物的生命力都要比人工种植的农作物强很多，所以生长时间要早于人工种植的农作物。在过去，北方人此时开始采集野生的植物来充实餐桌。

第二节　劳动课

到了惊蛰季节，土壤会变得松软，学生们就可以“整地”了。把施过肥的农田，按照所要种植的农作物，分成不同的地块和地形。

要种大的农作物，就要把地分成大块，“块”应该尽可能得大，便于播种、追肥、浇水及收割，一般以“亩”为单位。如果是种蔬菜，就应该分成小块，以“分”为单位。

农田是以多少“亩”或多少“分”为单位的。过去北京附近的农村，“自留地”是按“分”计算的，一般是每人两“分”，主要种植自己家的蔬菜。

> **惊蛰谚语**
>
> 惊蛰一犁土，
> 春分地气通。
> 惊蛰不耙地，
> 好比蒸馍走了气。

整地分为大平地、小平地、沟地、坎地等。大平地是种植大农作物，如豆类、棉花、玉米、高粱等；小块地是种植蔬菜、瓜类的；沟地是种大葱的；坎地是种萝卜的；水地是种水稻的。沟地的深浅决定种出来的大葱葱白的长短。沟越深、培的土越高，种出来的大葱葱白就越长。山东大葱的葱白多在半米以上，甚至更长。萝卜要种在坎上，民间有句俗语：“萝卜不大，长在坎畦上。”比喻人的辈份大。

育苗

整地

劳动评说

通过田间的整地劳动，学习“一亩三分地”中所用面积单位的具体含义。了解不同的土壤可以孕育不同的植物，也可以使同样的植物有不同的品质，明白环境对于成才的重要性，从而也更加理解“孟母三迁”的良苦用心。

第三节　营养课

驴打滚

惊蛰节气吃驴打滚是天津一带流行的习俗，人们吃驴打滚寓意“害虫死，人翻身”。驴打滚有两种制作方法：

1. 驴打滚起源于乾隆的御膳。相传，一个御膳房的小太监不小心把给乾隆皇帝蒸好的黄米面年糕掉到炒熟的黄豆缸里，年糕外面粘了一层黄豆面，再重新制作已经来不及了，所以小太监只好把掉进黄豆面缸里的年糕放在盘子上，在年糕上又撒了一些白糖，硬着头皮给乾隆皇帝送上去。乾隆皇帝没见过这样制作的年糕，可是一尝还挺好吃。乾隆皇帝就问小太监这个食物叫什么？小太监灵机一动，想起进宫前，在京城外，自家的驴干完活在山坡黄土地上打滚的事，于是随口说叫驴打滚。驴打滚因此得名。

原料：黄米面、红糖、白糖、黄豆面。

制作：

（1）把黄米面上锅蒸熟。

（2）把黄豆面炒熟。

（3）把蒸好的黄米面加水和好，放在面板上的黄豆面上，擀制成5毫米左右厚的饼。

（4）在饼上撒上红糖，卷成卷。

（5）把卷切段后放在盘子上，在上面再撒上白糖就制作完成了。

驴打滚讲究三色：红、黄、白。黄米面、黄豆面是黄色的，红糖是红色的，白糖是白色的。

2. 到了慈禧时，慈禧觉得驴打滚里外都是糖，太甜了，所以把用料改了，但是保留了红、黄、白三色。

原料：糯米粉、红小豆馅、黄豆面、红糖。

制作：

（1）糯米粉加水（比例为 1：1）和好后放锅里蒸熟。

（2）把黄豆面炒熟。

（3）把红小豆煮熟、煮烂，加入红糖制作馅。

（4）把蒸好的糯米粉放在面板上的黄豆面上，擀成 5 毫米左右厚的饼，在饼上抹上红豆馅，卷成卷，切段。

这就是慈禧时期的制作方法。这种方法流传至今。

营养评说

驴打滚是中国东北地区、老北京和天津卫传统小吃之一，成品黄、白、红三色分明，煞是好看。因其最后制作工序中撒上的黄豆面，犹如老北京郊外野驴撒欢打滚时扬起的阵阵黄土，因此而得名“驴打滚”。

驴打滚中的糯米粉、红豆沙、黄豆面的完美搭配，不仅使口感绵软醇香，还提升了整体的营养价值。糯米面入口绵软，呈白玉色；豆沙馅入口即化，香甜入心，呈绛红色；外层粘满豆面，有着特别的豆香，呈金黄色；所以驴打滚一直是深受百姓喜欢的传统风味小吃。

但驴打滚中的红豆馅，糖的含量还是较多的，同时黏性的糯米面不是很好消化，老人、小孩、胃肠功能比较弱的人，每次都不要多吃，以免造成胃部不适。

第四章

春分

公历每年

3月21日前后

太阳到达黄经起点0°

为春分点，即春分

春分两气　冷热交替

缺阳少阴　危损身体

保温御寒　切忌更衣

吃了春分饭　一天长一线

春分是春季90天的中分点，所以称为“春分”。从春分起，我们告别风季进入暖季。这是个比较理想的季节，春暖花开，阳光和煦，万物都欣欣向荣，是户外踏青的大好时节。

春分过后，在我国除了东北地区，其他区域的植物均已呈绿色，或已泛绿。由于春分这个时节的气温明显升高，而且升温也快，各科植物的生长也很快，返青的冬小麦生长更是进入“分蘖”状态。在北方的气温变化很大，春分出现“倒春寒”的概率也更高。因此，春分时的春寒会导致冬小麦死亡，或影响“分蘖”，使小麦减产，对其他农作物的种植危害也很大。

到了20世纪70～90年代，我国的广大地区开始使用“地膜”技术。因此，在这个时期，我国不分东南西北，均已解决了蔬菜青黄不接的状况。但是，这个时期的蔬菜的品种还是相对比较少，南方的蔬菜品种比北方要多，而北方主要是以韭菜、菠菜、小油菜、小葱等生长比较矮的蔬菜植物为主。20世纪90年代以后，随着我国经济水平的提高，科技水平的高速发展，我国的广大地区普遍采用了蔬菜大棚、室内种植技术。到现在，我国在全国范围内，蔬菜、水果已经基本没有了一年四季之分，而是多品种、长年多次生长，从而满足了人们的需求。

第一节　节气课

一、健康老师有话说

饮食开始发生质的变化，多选择富含维生素和矿物质的食物： 进入春分以后，人们的饮食开始发生质的变化。过去，在南方，越来越多的青菜品种上了餐桌；北方的人们也可以时常吃上一些嫩芽、嫩苗类食物。除此以外，还有一些其他的小野菜苗可供食用。

春分时节的日常食物应多选择富含维生素和矿物质，尤其是富含优质蛋白的食材。由于人体内的蛋白质分解加速，营养构成应以高热量为主，所以鱼、肉、豆、蛋、奶不能少。此外，小白菜、油菜、柿子椒、胡萝卜、莴笋、菌类、藻类、菜花、西红柿、香蕉、梨等富含维生素 C 和钾的蔬菜、水果可以每天来一份，可以增强机体的抗病能力。

春分时节养生粥

桂圆肉、莲子、大枣、枸杞子、粳米。

春分的民俗饮食

菜团子。

过去，在老北京，春分是青黄不接的时候，没有蔬菜，所以人们会在家发绿豆芽，在盘子里种青蒜，吃储存的干菜，用干菜做成菜团子。

身体相对虚弱，阴阳容易失调：春分是暖季的第一个节气，气温还不稳定，正是冷热交替，冷一阵、热一阵的时候，这时人体内的阴阳之气也因为天气的变化而上下浮动。体质虚弱又欠缺保养的朋友很容易出现阴阳失调的情况。所谓阴阳失调，轻一些的时候是亚健康，发展到一定程度就成了疾病。因此，人们在春分时节是很容易生病的，而且生病后还不容易好，容易反复。所以，在春分，人们更应该注意养生。在饮食方面，既要补又要预防上火。因此，在这个时节应该适当摄入鱼肉、瘦肉、蛋、奶等，多摄入蔬菜水果，特别是绿叶类的蔬菜，尽可能地多摄入富含维生素 C 的蔬菜和水果。除此以外，在春分，北方的人们还应该注意适时、适量地补充饮水。

二、地理老师有话说

开始走向温暖的第一个节气：在气候上，春分是我国结束冬季，进入春季，开始走向温暖的第一个节气。我国各地区的地理位置不同，温度也不相同。南方的广大地域，气温普遍较高，很适合农作物的种植和生长。在我国的中原、华北地区，温度还比较低。这段时间也是我们北京老百姓比较难熬的时候，供暖刚刚结束，气温变化还很大，昼夜温差也比较大，这时在室内往往会感到阴冷难受。而我国的东北地区，在春分时节还没有完全摆脱冬天的寒冷，还处在冰封的环境中。这就是在我国广大的国土上存在的气候差距。

三、生物老师有话说

生龙活虎：春分时节后，各种动物开始进入交配期，特别是我国的广大牧区，到了春分以后，牛、羊、马等牲畜开始“生龙活虎”，牧民更是开始忙碌起来。

小知识

我们都知道，在我国阳历的3月中旬，也就是春分前后，正是种植树木的时候。因此，我国的植树节也就定在阳历3月12日。那么你知道在自己家的庭院内应该种什么树，不应该种什么树吗？

在我国，特别是在北京地区，民间有“桑、枣、杜、梨、槐，不入阴阳宅”之说。

桑：桑的谐音是丧，丧是最大的不吉利。

枣：枣的谐音是早，表示食物早早地吃尽，寿命早早地终结，东西早早地用尽。

杜：杜为绝、断，表示家人“绝后”断代，不生儿育女。

梨：梨的谐音是离，表示分离、离开、离婚、生离死别。

槐：“槐”字中有“鬼”，故古人也认为不吉利。

所以，依民俗观点，以上五种树木是不能种在自家庭院和墓地的，要种只能种在庭院的墙外或墓地外面。

那么，自己家的庭院应该种植什么树呢？可以种植如桃树、石榴树、苹果树、柿子树等。

桃树：桃表示寿桃，寓意着家人长寿。古时桃木用于辟邪，在我国的广大地区，有着悠久的历史，而且还有很多的故事。

石榴树：石榴多籽，代表着一家人的多子、多福、多寿，有着美好的寓意。

苹果树：苹果代表着一家人的平平安安，是保佑吉祥的意思。

柿子树：柿谐音事，代表着家里事事顺利，事事平安。

因此，在我国，自家庭院里种植东西是很有讲究的，不能随意乱种，而且还要根据自己家的环境来种植。

第二节 劳动课

春分谚语

春分降雪春播寒，
春分有雨是丰年。
春分有雨家家忙，
先种瓜豆后插秧。
春分至，把树接；
园树佬，没空歇。

到了春分季节，初中生可以给小麦耪地。耪地是用锄头把返青后的小麦苗的根部土壤弄松，把小麦苗的根弄“破”但不能断，这样小麦苗的根部就会在“破”处生长出很多的“芽儿”，也就是能在原来小麦苗的“根”数上，再长出一些“根”。小麦的根数越多，长出的麦穗就越多，收成就越好。

锄地人是“倒”着走的，用锄头先把小麦苗与苗之间的土壤弄松，把板结成大硬块的土打碎，然后轻轻地把小麦苗的根部弄破，但不能把苗锄下来。

锄草

劳动评说

这次的劳动可以叫作“锄禾”，边劳动可以边背诵古诗，体会农民伯伯的辛苦。锄地是个细致活，像学生学习一样，要静下心来，不能慌慌张张，也不能只顾聊天，不看地和苗。所以，给小麦耪地与学生在课堂学习一样，要细致、静心、稳重！

第三节　营养课

艾窝窝

艾窝窝是慈禧时期进入宫廷的小吃。传说慈禧在北海琼岛上的宫殿里午休。那时正值夏季，门窗也开着，只是挂着窗帘，这时外面有声音不时地传入室内，慈禧本来就睡不着，加上外面的声音就更睡不着了。慈禧就问陪从的小太监外面是什么声音。小太监出去看后，说是卖小吃的。慈禧觉得反正也睡不着，就想看看是卖什么的，于是叫小太监出去把卖小吃的人叫进来。卖小吃的进来后，慈禧一看来人是个岁数不太大，穿着很干净利索的人，提着一个篮子，篮子上盖了一块很干净的白布。慈禧就问来人是卖什么的，来人说是卖艾窝窝和豌豆黄。慈禧就叫小太监拿过来尝尝。慈禧一尝发现还挺好吃，就问来人是否愿意留在宫里的御膳房。来人马上跪地磕头，说愿意伺候老佛爷。从此，艾窝窝、豌豆黄这两个民间的小吃就传进了宫里的御膳房，成了宫廷小吃。

原料：糯米、大枣、山楂、糯米粉、白芝麻。

制作：

1. 把大枣洗干净去核切碎，把白芝麻炒香，把山楂去核、去皮，入锅煮烂，把三种料放在一起和成馅。

2. 糯米提前浸泡 24 小时以上。

3. 把泡好的糯米控干水分，上锅大火蒸，水开 30 分钟后，打开锅盖，往糯米里加入开水，用筷子慢慢搅拌，使水完全吃进米后，盖上锅盖再蒸 20 分钟，停火后焖 10 分钟再打开锅盖，用筷子搅拌，看糯米是否软了，如果不软，再往里面加入开水。当看到米上的水似有似无就可以了。盖上锅盖继续大火蒸 20 分钟，停火后焖 10 分钟。

4. 把糯米粉用小火炒熟，但不能“上色”。

5. 把白色的豆包布用开水浸泡，捞出拧干、铺开，把蒸好的糯米倒在上面，用布包住糯米反复拍压，直到把糯米拍压成黏状、米碎了就可以了。

6. 把糯米分成核桃大的剂子，粘上糯米粉、拍扁，把馅包进去揉成圆团，在上面放上一个枸杞子或点上红点就制作好了。

营养评说

艾窝窝是一款历史悠久的北京风味小吃，颇受大众喜爱。中医学认为，糯米性温、味甘，入肺、脾经，有补虚补血和健脾暖胃的作用，是一种温和的滋补品。糯米含有蛋白质、脂肪、糖类、钙、磷、铁、维生素 B_1、维生素 B_2、烟酸及淀粉等。

艾窝窝的馅料有红枣、山楂、芝麻，营养又美味，整体具有补中益气、健脾养胃、止虚汗之功效。大枣与山楂完美搭配，酸甜可口，滋补而不腻。但因糯米黏性大，较难消化，老人小孩或脾胃虚弱者，不宜多食。

第五章

清明

公历每年

4月5日前后

太阳到达黄经 15° 时

为清明

清明祭祖　前人难忘

厚德载物　教识育人

发扬光大　勿忘国耻

清明前后　种瓜点豆

清明就是给人以清新明朗的感觉，是暖季的第二个节气。

清明过后，天气更加暖和了。我国除东北与西北地区外，大部分地区日平均气温已升至12℃，清明时节雨纷纷，此时雨量增多，花草树木开始出现新生嫩绿的叶子。民谚说“清明前后，种瓜点豆”“植树造林，莫过清明”。这大好的春日时光，正是农民伯伯忙碌的日子。

清明节也叫踏青节。在我国到了清明前后，广大的原野是一片绿色的景象。各种植物嫩绿可爱，河水荡漾，草丛里的野鸡、山坡上的野鸭、草原上的牛马羊群，在蓝天白云之下、绿草之上，都显示着人间美好的绚丽，所以清明前后也是人们出行的时候。我们清明有小长假，可以扫墓、祭祖，在途中也可以顺便享受春光，感受生命之美。

第一节　节气课

一、健康老师有话说

吃温性的食物：清明节在我国又称为“寒食节”，这只是人们的一种习惯叫法。实际上，清明节和寒食节是两个不同的节日。最早，寒食节在清明节之后的一两天，后来改在清明节前的一两天，到了现在，人们把清明节和寒食节合并在一起过了。

小知识

寒食节起源于一个历史故事，是为了纪念春秋战国时期的名臣——介子推而设。传说中晋文公落难时没有食物吃，介子推割下自己的肉给晋文公充饥，当晋文公得势即位后，为报答介子推，请介子推出山为官，介子推不从，隐居在绵山深处。晋文公找不到他，于是下令放火烧山，想把介子推逼出来，谁知却将介子推母子二人烧死了。晋文公痛彻心扉，于是下命令，将这一天定为禁火日。从此，每年的这一天人们只能吃凉食，后来被称为寒食，逐渐形成了一个节日——寒食节。所以，今天的寒食节与到了清明时节就可以吃凉性、寒性的食物没有关系。饮食上，人们往往误认为到了寒食节就可以食用寒性的食物了，这是错误的。因为人们到了清明时期，刚刚结束了寒冬，身体刚进入阳气升发的阶段。此时人们应该适量地吃些温性的食物，如羊肉、鸡肉、豆制品、奶制品等，这样有利于身体阳气的升发。

养生要以降压减脂为主：清明时节的日常饮食养生要以降压减脂为主。多吃些时令蔬菜、水果，如小白菜、苋菜、苦苣、地瓜、芋头、萝卜、莲藕、黑木耳、黄瓜、荠菜、山药、菠菜、樱桃、桑椹、杨梅等。尤其是小白菜、苦苣、苋菜，每天来一份，降火，降压，减脂。

清明时节养生粥

黑米、黑芝麻、黑枣、薏苡仁、红小豆、杏仁配以粳米。

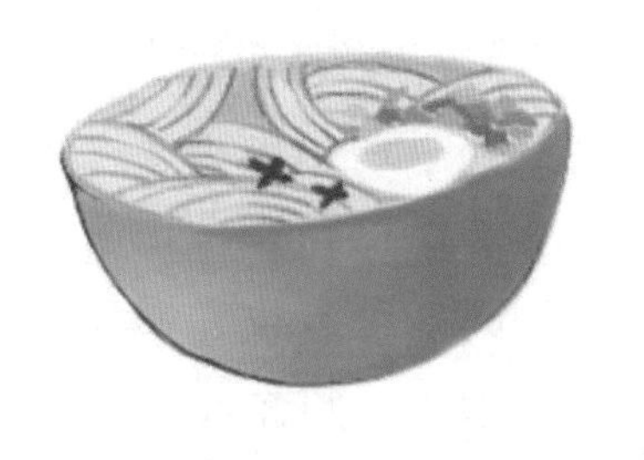

清明的民俗饮食

打卤面。

既要保障体内阳气的升发，又要使身体的内火下降：人们在冬春季节容易出现皮肤干燥、手脚干裂等症状，也说明了冬春季的干燥对人们身体的影响很大。古诗云“清明时节雨纷纷”，说明清明时节多为阴雨潮湿的天气，人们的身体在这个时期很容易受到潮湿之气的侵蚀。人们在经过冬春季的干燥环境后，不只是外表受到影响，身体内部的脏器也会受到伤害，如肝火旺盛、肺火上升等，所以清明时节身体调养的难度是比较大的，既要保障体内阳气的升发，又要使身体的内火下降，两者必须兼顾。因此，在保障阳气升发的同时，还要吃些降火的食物，如苦苣、苦菜、莲藕、小白菜等，使人们的肝火、肺火下降，身体达到阴阳平衡。

二、地理老师有话说

清明前后冷十天：清明时节，我国南方已经由温暖向热的天气发展了，而在广大的北方，特别是在北京附近，天气虽然已经进入暖季，但民间有“清明前后冷十天”的说法，所以北方清明时节有时还是会冷的，特别是在阴雨天气里，阴冷现象还是有可能出现的。正常年景，到了清明时节，特别是清明的当天或者是前后的一两天，我国的大部分地区会出现阴雨天气，气温也相对会降低一些。

三、生物老师有话说

保护生物链：清明过后，无论是家禽、家畜，还是野生动物，都进入生长、繁殖的阶段。因此，我们应该注重对生物链的保护。

到了清明，就意味着进入播种、生长的时期，特别是北方的冬小麦已经进入快速的生长期，追肥、浇水、松土、拔苗的好坏，决定了冬小麦是否丰收。在过去，冬小麦是第一种解决青黄不接时期人们主食的粮食，它的收成意义重大。在南方，早稻也已经进入生长的中后期，根据地区的不同，水稻分为一年两季和一年三季。水稻是我国南方最大的粮食作物，也是我国最主要的粮食来源。

小知识

清明节是人们扫墓祭祖、祭奠亲人的日子。扫墓祭祖是对先人的思念、敬畏、尊敬，是给活着的人的一种启迪、教育和传承。因此，清明节扫墓祭祖是有很多规矩的。

清明节扫墓祭奠的时间一般是在清明节的前七天、后八天以内，所以民间有清明“前七后八”的说法。

关于祭奠的供品，民间有“神三鬼四”之说。给逝去的先人摆放祭品（供品），在安葬之前，每只盘碗内的祭品是四个；安葬之后，每只盘碗里面放三个祭品，这就是“神三鬼四”之说，也是入土为安的礼数。

摆放祭品时的手法也是有讲究的。我们在给活人盛饭时，是从外往里盛放。但是在给先人摆放祭奠的供品时，是从里往外摆放。现在很少有人知道这些祭礼了，但是家里有老人的话是很讲究这些的。

人们在去墓地扫墓的时候，也是有讲究的，如不能空腹去墓地，孕妇不能去墓地，不能在墓地里随便大小便，不能说有辱过世人的话，离开墓地时人们不能回头等。

第二节　劳动课

到了清明节气，北方地区就到了给水稻育苗的时候了。水稻分为南方水稻和北方水稻。

南方水稻生长期短，所以南方的水稻一年可以种两季或三季，也就是从生长到收割为一季，接着再种就是第二季。再往南，还可以等第二季稻收割以后紧接着种第三季稻。这是因为南方的天气暖热的时间长，有利于水稻的生长和快速成熟。

北方的暖热天气比南方要短，所以一般只种一季，有时也能种第二季。北方的第二季稻叫作“旱直播”，产量低，不好吃，所以现在很少种植或根本不种植。知道北方有“旱直播”的人很少，六十岁以上才有可能知道。

清明谚语

雨打清明前，
洼地好种田。
清明前后一场雨，
豌豆麦子中了举。

很多人认为，南方的稻米不如北方的稻米好吃，也没有北方的稻米香，其实这与种植的品种有关。北方的水稻育种是把选好的种子装在麻袋里，放在室内的大水池子里浸泡，水要有一定温度，适时换水，经过一个星期左右，种子就会发芽了。发芽后，移到室外撒在整好的育苗“畦”上，在发芽的种子上撒上 5 ～ 8 毫米厚的细土，在上面支上塑料膜。在“畦”四周的沟里放水，使水涨到“畦”面上，不能太多，再经过半个月左右（根据天气的温度决定），就能长到 10 厘米左右，这样“育种”就完成了，之后是拔秧、插秧。

选种

泡种

播种

育秧

肥水苗

劳动评说

清明是踏青好时节，青色就是旺盛生命力的体现。一花一世界，一叶一菩提，一粒微小的种子里蕴含着整个宇宙的信息，当种子发芽的那一刻，同学们是否能体会出无限的生命力？发芽的种子移到育苗畦，可以在实际生活中看看《离骚》“畦留夷与揭车兮，杂杜衡与芳芷”中的“畦”到底长什么样子。

第三节　营养课

凉拌茼蒿

俗话说“清明吃一草，百岁不显老”。这里的“一草”指的是茼蒿，是一种营养价值很高的蔬菜。清明时节正值春季，此时采摘的茼蒿嫩叶最为鲜嫩，口感也更佳。因此，民间有清明时节吃茼蒿的习俗。下面介绍一道简单又好吃的凉拌茼蒿。

制作：茼蒿洗净切段，加入小青椒丝，放些生抽、白醋，最后淋上香油即成。

功效：降火，解毒，防病。

营养评说

茼蒿含有特殊香味的挥发油，可消食开胃，还含有丰富的维生素、胡萝卜素及多种氨基酸，可以养心安神，降压补脑，清血化痰，润肺补肝，稳定情绪，防止记忆力减退。茼蒿含有的绿原酸也是常见于咖啡中的成分，能够帮助减缓饭后血糖上升速度，也因此对减重有帮助。此外，茼蒿中含有大量膳食纤维、叶绿素、多种矿物质等。这些营养素可促进新陈代谢，具有降胆固醇的作用。

第六章

谷雨

公历每年

4月20日前后

太阳到达黄经30°时

为谷雨

谷雨时节　栽瓜种豆

误时必减　得天即厚

更陈补新　代谢康身

清明后　小满迟

谷雨种花正当时

谷雨前后，天气变暖，我国除了青藏高原和黑龙江最北部气温较低外，大部分地区的气温已在15℃以上。在这暖季的第三个节气里，天气越发暖和，而且已经开始透出热的感觉了。

到了谷雨时节，在过去，南方可以吃到多种青菜，而北方的青菜还是很有限的。可是现在不同了，一年四季，南北方的人都是一样的，菜篮子是丰富的。此时人们户外活动量会增大，所以应该及时地调整自己的饮食，以增加自身的能量，保证自己的体力。

第一节　节气课

一、健康老师有话说

保持机体的正常生理功能：受春季季风的影响，谷雨节气后降雨增多，空气中的湿度逐渐加大，人体感受湿邪更甚，易引发肌肉酸痛及神经痛，要针对气候特点有选择地进行调养，以保持机体的正常生理功能。部分人群的脾胃功能会逐渐变好，食欲大开。在日常生活中，多吃一些祛湿利水的食物，如白扁豆、薏苡仁、冬瓜、红小豆、荷叶、山药、陈皮、白萝卜、莲藕、海带、竹笋、鲫鱼、豆芽等。

谷雨时节养生粥

生姜、糯米、砂仁、粳米。

谷雨时节养生茶

枸杞子、怀菊花、玫瑰花、菊花泡茶饮。

谷雨的民俗饮食

红馅梅花酥（红小豆馅）。

对于老北京人，谷雨时节正处于青黄不接的后期，人们主要吃储存的干菜，如黄花、木耳、海带等。

多饮水，保证睡眠质量： 到了谷雨时节，人体的新陈代谢会不断地加快。所以，人们应该适当地增加运动量，更应该适当、适量地出出汗，还要适量地补充水分，更好地促进新陈代谢。到了谷雨时节，人们白天的活动增多，夜里需要更好地休息。因此，保证睡眠的质量是很重要的，特别是在生长发育中的未成年人。

二、地理老师有话说

动物、植物和人生长的最佳时机： 在我国，到了谷雨时节，白天与夜间的时长相比越来越长，无论南北，气温都在快速升高。在南方，实际已经进入雨季。在北方，正常的年景里，雨水也快速增多，空气逐渐潮湿，气压也开始走低。无论是南方还是北方，到了谷雨时节，环境都显得很有生机，是人类、动物、植物生长的最佳时机。

三、生物老师有话说

促进新陈代谢、生长发育最好的时期：谷雨时节，室外温度适中，阳光既充沛又不过于强烈，人类和其他动物在室外和大自然中的时间最长，因此，是促进新陈代谢、生长发育最好的时期。

谷雨时节也是种植农作物最理想的时候，所以民间有“谷雨前后，栽瓜种（点）豆”的说法。特别是在我们的北方地区更是如此，谷雨时节是种植农作物最忙的时候。“一年之计在于春”，实际上指的是春天农作物的种植情况。几十年前，我国的广大农民，到了谷雨前后，都是在紧张地给农田施肥、播种。在播种上也很有“讲究”，那时人们是把所种的种子，拌上灶灰（草木灰），撒种在农田里。这样做是为了防止地里的虫子把刚撒的种子给吃掉。灶灰（草木灰）也是最好、最绿色的含钾元素的肥料。

小知识

在我国有“三月茵陈四月蒿，五月砍了当柴烧”的说法。这里说的月份指的是农历的月份。就是说到了农历的三月，在北方地区，人们可以采集茵陈了。茵陈是一味中草药，中医用来治疗风湿、寒热、邪气、黄疸，也有抗衰老的作用。茵陈也是比较早的用来配制汤药的一味中药材。在南方采集的时间要比北方提前一个月，也就是在农历的二月份。“三月茵陈四月蒿”也说明在这个时节气温升高得很快，植物的生长也就更快。

蒿子的采收分为三个阶段：

第一个阶段，在北方的农历三月里，采集的蒿子叫茵陈，晒干了作为中药，治疗疾病用。

第二个阶段，在北方的农历四月份，这时采集的蒿子主要用于熏蚊虫。把采集回来的蒿子拧成绳子，晒干，点燃后熏蚊虫用。

第三个阶段，在北方的农历五月份以后，采回来的蒿子只能当柴烧。

蒿子有很好的寓意，常用来指做人、做事。看人能不能成才，往往会说“看他们家的祖坟上有没有那棵蒿子”。另外，蒿子也有教育人们从善积德之意。

第二节　劳动课

俗话说：“谷雨前后，栽瓜种豆。”

到了谷雨节气，初中的学生可以参加农田里的种植劳动。在谷雨节气前一周左右，可以在室内培育西瓜苗，比如在大棚里或养植箱内。谷雨后，就可以把西瓜苗移栽到室外的农田里。

谷雨谚语

棉花种在谷雨前，
开得利索苗儿全。
清明高粱接种谷，
谷雨棉花再种薯。

种植西瓜：

1. 平整土地。施豆饼肥或麻酱渣子发酵后的肥。

2. 挖坑，坑的深度是能把西瓜苗的根部都能放进去。

3. 在挖好的坑内浇上水。

4. 当坑内的水完全进入土壤，看不见水后，把西瓜苗放入坑内，埋上土，使土能够与坑外持平。

5. 要适时浇水。应该在傍晚前浇水，避免中午浇水，因为中午太阳足，土地被烤得很热，容易把西瓜苗烫死。

6. 苗与苗之间的距离应该在 1.5 米左右，这样更有利于充足地吸收养分和水分。

7. 当西瓜秧长到 1.2 米左右，把秧尖掐掉，把多余的杈打掉，把每个长叶的根部压到土壤里，叫它长根。多处长根能更好地吸收养分和水分，因为西瓜的果实大，只靠一个根供应水肥是不够的。这个过程叫作“掐尖”“压蔓”“打杈”。一棵瓜秧只能留下 2 个瓜，最多不能超过 3 个。

种西瓜

劳动评说

大家在体验了育苗、整地、施肥的劳作后，可以体验从种子到收获的完整过程。“种瓜得瓜，种豆得豆”，什么样的行为就会有什么样的结果；春天种下一粒种，秋天收获一个瓜，春天的努力就会换来秋天的收获。希望大家在劳动中也能体会到生活的真谛。

第三节　营养课

春面

春天吃面条可以补充体力，通常是吃抻面，西北地区也叫拉面。

1. 抻面：先和面，用头栏小麦面。过去不分高筋面粉、中筋面粉、低筋面粉。农村是按磨面时间来分。磨出的头栏面白而有劲，多用于饺子面。二栏次些，三栏黑而糙，也主要用于饺子面或抻面。水里要放盐、碱，面和得比较硬，然后用手蘸着水“扎”面，把面“扎”软，然后再经过饧面、遛面、抻面。抻面讲究面细如丝，边抻、边煮、边捞。

2. 打卤：过去，打白面的卤必须要有鹿角菜，如果请客人到家里来吃打卤面，很多老北京的客人会问：“有鹿角菜吗？”如果本家人说没有，那么客人会说：“没有鹿角菜还吃什么打卤面？”过去的老北京打卤面的卤用料是黄花、木耳、口蘑、鹿角菜（也有叫鸡爪菜的）、鸡蛋、五花白肉（白肉是提前煮好的五花肉，一般煮到八成熟，然后晾凉切片）、淀粉、高汤。锅里放入高汤和水，放入准备好的黄花（切段）、木耳、口蘑、鹿角菜、白肉，开锅后放入酱油调色，放入盐调咸淡味。都调好后放入水淀粉调稠度，调好后关小火，洒上蛋液。洒蛋液时，要把大勺底朝上，叫蛋液顺着勺子往下流，勺要围着锅转，使蛋液均匀地洒在卤的上面，过一会儿定型后，慢慢地推动勺子，使卤均匀。过去是不放香菇、香菜的，因为这些食物会“抢”味。

营养评说

我国南北方面条的花样特别多，可谓各具特色、数不胜数。面条也寓意长长久久、顺顺利利。所以在传统节日、生日、婚嫁、乔迁等喜庆场面，老百姓都有吃面条的习俗。

面条品种繁多，一般是在煮好的面条上，淋上各种酱、卤，再配上各种蔬菜（菜码）一起吃。面条是一款特别好的荤素搭配、营养均衡的传统美食。煮熟的面条也比较好消化，再配上热汤、热卤，尤其适宜那些脾胃不太好的人群。

第七章

立夏

公历每年

5月5日至7日

太阳到达黄经45°时

为立夏

夏人无神　修体调眠

食材集聚　择适利己

日炎夜热　寝食难安

立夏不热　五谷不结

立夏是暖季的最后一个节气，这时天气已经不再是暖和了，炎热的脚步逼近了。按现代气候学的解释，连续5天平均气温高于22℃始为夏季。

立夏是在五月初，也是夏季的第一个节气。

到了立夏节气就意味着开始进入夏天了，但是在广大的北方地区，实际上还没有真正地进入夏季。天气还不是太热，人们还不会感觉到燥热或闷热。但是在广大南方地区，到了立夏确实是已经进入了夏季。气温会比较高，空气的湿度也很大了，洗的衣物也不容易干。

暑为阳邪，能消耗人体的能量，接下来的暑季就意味着能量的消耗，所以要抓紧时间储备能量以应对酷夏。暑热渐渐增多，很多人常会出现身体不适，或消瘦，或食欲缺乏，或睡眠不佳，整日昏昏欲睡、气虚神倦乏力等，有人一动就大汗淋漓、气喘吁吁，有人在室外待久了就容易中暑、昏厥。故需要注意防暑降温。

第一节 节气课

一、健康老师有话说

宜清淡补养：立夏以后，人们应该多摄入具有排湿解热功效的食物，如薏米、姜、山药、藕、萝卜、红小豆、绿豆等。另外，立夏后，人们的饭量会减少，所以应该多补充一些营养含量高的食物，如禽类、蛋类、奶制品、鱼类。过去，在北方地区，此时韭菜、菠菜、小油菜开始上市，人们开始摄取青菜，用青菜制作各种美食，缓解由于缺乏青菜带来的不适。

立夏时节养生粥

人参、白术、茯苓、炙甘草、大米。

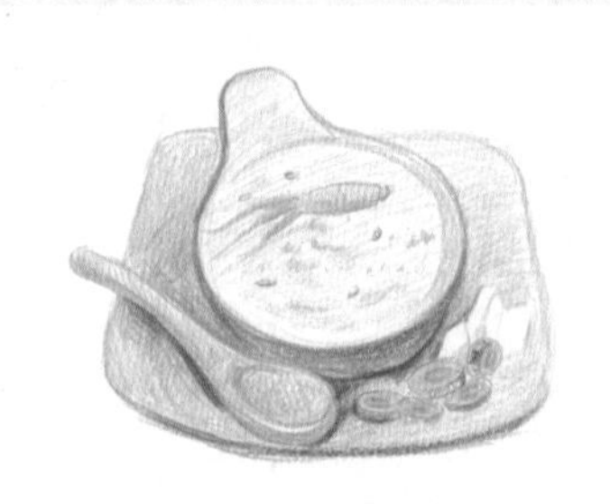

立夏时节养生茶

以绿茶为主，老人和儿童宜适量饮用淡茶。

立夏的民俗饮食

打糊饼。

注意休息和睡眠：到了立夏，人们的休息时间相对减少，睡眠的时间也短了。一是因为昼长夜短，二是因为天热，人们难以舒适地休息和睡眠。所以，到了立夏以后，人们更应该注意休息和睡眠，有条件的应该适当增加午睡时间，用以弥补夜间睡眠的不足。进入夏季，空气湿度增大，会影响人体排汗，湿气还会侵入人体，也是人们患骨关节疾病的原因之一。立夏以后，人们还会感觉到呼吸不适、烦闷，特别是患有心脑血管疾病和呼吸道疾病的人，更应该多加小心，防止突发疾病。

防患肠胃疾病：立夏以后，各种瓜果、蔬菜开始陆续上市，从而也带来了食品卫生的问题，特别是肠胃炎开始进入高发期。因此，人们在食用瓜果和凉拌菜的时候，应该清洗干净，吃多少准备多少，不吃剩下的凉拌蔬菜。肉类食物在夏季也很容易变质，其危害是很大的，无论是生肉还是熟肉，风险都是一样高的。切忌吃变质的食物，否则会导致食物中毒。

二、地理老师有话说

防台风和水灾：随着夏季的来临，台风也开始增多，自然灾害也会频发，主要是水灾和泥石流。立夏以后，河水水位会逐渐地高起来，所以人们在出行的时候应该多注意安全。每年夏季都是溺亡的高发期，特别是青少年儿童，我国每年有三万多14岁以内的儿童死于溺水。因此，这值得所有的家长们保持警惕。

三、生物老师有话说

立夏不热，五谷不结：到了立夏，我国的环境多以绿色植物和水体来充实。我国广大地区的温度多已达到20℃以上，这个温度是很适合农作物生长的。一般来讲，只要不是极端的天气，在夏季应该是温度越高越适合农作物的生长，前提是在有充足水资源的保障下，因为大多数的农作物都是喜欢热天的。所以民间有“立夏不热，五谷不结”的说法。

小知识

桃的历史十分悠久，在我国公元前10世纪前后，就有桃树的记载，而且在《尚书》《管子》《韩非子》《山海经》《吕氏春秋》等历史名著里都有记录。桃主要生长在我国北方的广大地区，到了公元前2世纪后，才从我国的甘肃、新疆传到波斯，后来从波斯传到希腊、罗马、法国、德国等国家。公元19世纪，桃树才又从欧洲传到南、北美洲。桃子在当时既可以当作水果，也可以当作主食食用。远在四千多年前的夏朝，人们就开始用桃木制作驱妖避邪的器具。无论在神话《西游记》的故事中，还是在人们的日常生活中，桃木、桃花、桃子都占有一席之地，桃子也代表着长寿的意思。

第二节　劳动课

到了立夏节气，正是小麦拔高长穗的时候。在这个节气里，学生可以参与给小麦施肥、浇水。小麦的拔高也叫“拔节”，“拔节”是农业术语。

这个时节也正是给小麦田追肥的时候。学生可以在小麦秆的根部施肥，然后用锄头把土壤和肥料混在一起，施肥后要及时浇水。这个时期的水、肥是否充足，决定着小麦的拔节、抽穗。节越长秆越粗，穗越大越好。

立夏谚语

农时节令到立夏，
查补齐全把苗挖。
豌豆立了夏，
一夜一个杈。

说起拔节是很有意思的。在小麦拔节的时候，我们的学生可以在夜里到小麦田里去体验一下。在夜深人静的时候，小麦拔节发出的声音，我们是能够听见的。因为麦田里的小麦在这个时间是一起拔节的，所以我们能听到小麦拔节发出的“咔咔”的声音。

我渴了

我饿了

我长高了

别欺负我

劳动评说

通过给小麦浇水、施肥，体会小麦的“拔节”，学生们就会知道小麦的生长是在夜里，白天吸收养分，与我们学生的生长发育是一样的。我们的学生也是白天吃饭、喝水、活动，夜里躺在床上睡眠时才是长身体的时候。这就是人与自然的融合。如果在身体发育时期经常熬夜，就会使骨骼生长受限，导致不能充分长高，所以同学们一定要注意劳逸结合，顺应自然规律，获得健康人生。

第三节　营养课

老北京蛋炒饭

我国有三大名炒饭，即老北京蛋炒饭、上海酱油炒饭、扬州什锦炒饭（也叫扬州炒饭）。老北京蛋炒饭很简单，只有米饭、鸡蛋、葱花、盐、油。

原料：米饭一大碗，鸡蛋 2 个，葱白 2 寸，油 20 克，盐 2 ～ 3 克。

制作：

1. 米饭要用隔夜的剩米饭，不能太软。鸡蛋打成蛋液，葱白切碎。

2. 炒锅预热（最好是用不粘锅）倒入 10 克左右的油，油四成热时倒入蛋液快速炒制，火不能太大，用筷子搅拌着炒容易炒碎，炒好后倒出备用。

3. 锅里倒入 10 克左右的油，油五成热放入葱花炒香，不能上色。倒入米饭继续炒，放盐，米饭遇到盐后很容易炒散。米饭炒到完全散了后，倒入炒好的鸡蛋，炒到香气浓时出锅。

老北京炒饭的特点是饭粒要完全炒散，不能有粘连，不能粘锅，粒与粒完全分开。炒饭时一定要用热油，这样才香，没有生油味。

营养评说

炒饭花样繁多，可以百种不重样，蛋炒饭算是基础版。同学们可以搭配上五颜六色的各种食材，比如米饭白、鸡蛋黄、胡萝卜橙、黄瓜绿、木耳黑等食材，好看又营养。

中医有五色对五味，味益五脏的学说。为了实现营养平衡的理念，《中国居民膳食指南》也建议大家每天吃 12 种、每周吃 25 种以上的食物。同学们想想看，炒饭的模式是不是就可以轻松实现食物品种多样化了呢？

第八章

小满

公历每年

5月20日至22日

太阳到达黄经60°时

为小满

五月来　桃花开

保健康　除瘟害

小满节气，除了东北地区和青藏高原，我国绝大部分地区日平均温度都在22℃以上，真正地进入了夏季。

到了小满时节就进入了旅游的旺季。因为在这个时节里，天气虽然已经热起来，但是还没有达到真正的炎热，对人体的伤害不算大，人们穿的衣服也较少，换洗起来也方便，出行带的衣服重量也轻，所以方便旅游。这个季节出行，吃的食物的种类也多，而且价格也便宜。无论是过去还是现在，到了小满这个时节，出行的人都是很多的。但是，出行时的言语和行为也是有很多禁忌的，人们也要尊重当地的风俗习惯。

我国的二十四节气里，有小满，没有大满，也就是说，无论是人和物，还是生活、学习、物质基础，都永远满不了，特别是农作物的生长、果实也永远满不了。因此，小满也有警示、告诫的作用。

第一节　节气课

一、健康老师有话说

选择有祛湿功能、易消化的食物：到了小满时节，人们的饮食已经开始接近多样化了，特别是蔬菜品种不断增多，价格下降，丰富着人们的餐桌。即使在北方，温度较高的地区，菌类植物也已经可以上市了。因此，在过去，到了小满时节，餐桌上的食物主要是以上一年的余粮和应时应季的蔬菜、菌类为主，再加上蛋类、猪肉、鱼类等食物。在北京，返青速度越来越快，人们开始采摘野菜，用野菜制作各种馅料，包饺子或包馄饨。

小满时节日常生活要注意饮食卫生，做好家庭环境的卫生消毒工作，饮食上选择有祛湿功能、易消化的食物，如山药、冬瓜、陈皮、五谷杂粮、百合等。

小满时节养生粥

红小豆、薏苡仁、山药、大米、百合。

小满时节养生茶

陈皮糙米茶（糙米炒熟后和陈皮一起泡水喝）。

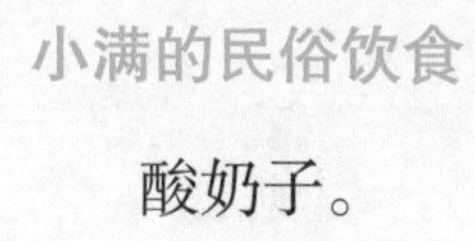

小满的民俗饮食

酸奶子。

做好消灭蚊蝇的卫生工作：到了小满时节，人们的养生是个大问题。一忙，二累，三睡眠少，四蚊蝇多，都是影响健康的因素。所以每年到了小满时节，无论是南方还是北方的人们，都要安排好休息的时间，即使是外出旅游，也要做到劳逸结合，充分保障睡眠的时间和质量。生吃瓜果、蔬菜一定要洗净，防止肠道传染病的发生，还要做好消灭蚊蝇的卫生工作。

二、地理老师有话说

持续高温，闷热、潮湿、气压低和少风：在我国，到了小满节气，大部分地区都已经进入实质性的夏季，气温逐渐升高，人们的感觉也是一天比一天更难耐。室内与室外的温差也在一天比一天减小，人们会感觉到无论是室内还是室外，没有凉快的地方，这种感觉越靠近南方越是明显，因为闷热、潮湿、气压低和少风是夏季的主要特点。到了小满以后，室内的通风是比较差的，特别是平房的居住环境气压低，风少，也是影响通风的主要原因。

三、生物老师有话说

农作物长势进入最好的时节：到了小满节气后，在我国的广大地区，无论南北，农作物在正常的年景下，长势都进入最好的时节。在北方，冬小麦和大麦籽粒都已经灌浆，但是还没有完全成熟，颗粒还不太饱满，所以这个时节才被称作“小满”。其他的农作物，如大豆、绿豆、黑豆等豆类也已经接近成熟，原来的主粮“青黄不接”也即将结束。现在的人们已经完全没有了这种感觉和意识，而20世纪50年代和60年代出生的这代人，对此是有深切感受的，只要是经历过“面朝黄土背朝天”“土里刨食”，看天气吃饭的人，都会记得什么是“青黄不接”。如今，交通的便利打通了南北，蔬菜水果大棚的普及穿越了季节，人们已经没有“青黄不接”的概念了。

第二节　劳动课

到了小满节气，北方的桃树有些已经开始结果了，学生可以在林业技师的指导下给已经结成小桃子的树“疏果”了。疏果就是把特别密集的、长得不好的、有伤的小桃子去掉，留下能更好生长的小桃子。

保留的桃子也要合理地保持桃与桃之间的距离，还要把不好的、过密的枝叶去掉，有利于通风。如果不通风，枝叶容易被闷死，桃子也会烂掉。

小满谚语

小满三日望麦黄，
小满十日遍地黄。
小满不起蒜，
留在地里烂。

把大的桃子套上纸袋，防止鸟类啄食，并且要根据气候、雨水的情况适时组织学生给桃树施肥、浇水。

桃花开

树结果

劳动评说

有限的营养要集中在主要的果实上，否则数量虽多，质量却不好。人的精力也是有限的，要把精力放在现阶段最主要的事情上，兴趣爱好可以培养，但也要少而精。可以一专多能，但避免鼯鼠五技。

第三节　营养课

初三的合子往家（回）转

初三的合子是指大年初三的中午饭是烙馅合子。在过去的老北京，主要是吃猪肉白菜馅的，清真是牛肉白菜馅的。用白菜是因为在过去的广大北方地区，到了冬天是没有其他叶类菜的。

1. 和面：面粉 500 克，加温水 450 克左右，反复揉数次。和好面后饧 30 分钟以上，饧好的面不能再揉，以免“上劲”。

2. 做馅：把肉切碎，用水（花椒水或大料水）煨制，猪肉馅用大料水，牛羊肉用花椒水，再放酱油、香油、盐、五香粉等调味。大白菜要用叶子部分，洗净晾干再切，以免出汤。如果放菜，肉馅煨的时候要少放水，因为蔬菜会出水。

3. 包的时候要随包随放葱末、蔬菜。包的时候要捏褶，收口不能有"死"白，不能透馅。放入电饼铛烙至两面金黄，也可以在烙的时候两面刷油。

营养评说

大年初三的合子寓意和和美美、富足多彩。在做法上也挺有讲究，首先面皮的面，要和得非常软，不仅皮薄如纸，还要有弹性，这样才能包进更多的馅料，而不会"露馅"。

另外就是馅料的搭配，食材要尽可能丰富，不能过于单调，因为这是期盼新的一年要多姿多彩，丰富绚烂。再有呢，传统初三的合子要有肉，因为在过去经济困难时期，日常生活都要节衣缩食，人们在合子里包肉，期盼新的一年能够生活富足，天天都有肉吃。

第九章

芒种

公历每年

6月6日前后

太阳到达黄经75°时

为芒种

芒种前　忙种田

芒种后　忙种豆

芒种两头忙，忙收又忙种。当农民开始忙着收割小麦的时候，说明芒种到了，这个节气最适合种有芒的谷类作物，所以叫作“芒种”。过了这个节气，农作物的成活率就越来越低了。

芒种期间，长江中下游地区雨水增多，气温增高，进入阴雨绵绵的梅雨季节，天气异常潮湿闷热，其他各地也纷纷进入雨季。充沛的雨水对水稻和夏季作物的生长非常有利，但对于人体健康来说，暑湿邪气太重，要谨防其乘虚而入。

第一节　节气课

一、健康老师有话说

日常宜选择补心养血、利尿祛湿的食物：芒种是热季的第二个节气，气候逐渐炎热起来，在这种天气里，人体心火也逐渐旺盛，养生方面我们也要抓紧时间“播种”健康，日常宜选择补心养血、利尿祛湿的食物。如酸梅汤、四物乌鸡汤（四物指当归、川芎、白芍、熟地黄）、苋菜、圆白菜、西红柿、冬瓜、海带、五谷杂粮、坚果、瘦肉等。

由于天热，人们的反应也是很大的。无论南方还是北方地区，人们都是处在容易中暑的环境里，所以饮食应该多吃些清淡的、不易上火的食物。人们既要注意自己的出汗情况，又要防止脱水缺钠，可以食用如小白菜、圆白菜、西红柿、瓜类、瘦肉类、蛋类、奶类等食物，但是要注意饮食卫生，防止肠胃疾病。

芒种时节养生粥

五谷粥（大米、小米、玉米、高粱米、小麦仁）。

芒种时节养生茶

酸梅汤（乌梅、甘草、山楂、冰糖）。

芒种的民俗饮食

粽子。

南防潮湿，北祛暑： 暑为阳邪，容易耗气伤津；湿为阴邪，外感湿邪后多有身重困倦，缠绵难愈。到了芒种这个时节，南方潮湿，各种皮肤病很容易产生和复发，北方则是容易中暑。南方人很能食用辣椒，是因为它们有祛湿的作用。北方地区的人有喝绿豆汤的传统，也是为了祛暑。所以到了芒种时节，有“南防潮湿，北祛暑”的养生之道。

二、地理老师有话说

防风，防雨，防蝗灾： 在我国，特别是北方，到了芒种时节天气多变，灾害多发，既收又种，人们会忙得“不亦乐乎”。

到了芒种时节，正常年景下，因为多风，即将收割的冬小麦、春天播种的大麦等农作物会发生“倒伏”。如果是严重的“倒伏”，还会增加收割时的困难，“倒伏”后的小麦、大麦，挨上地后会发霉、烂掉，使收成减少。

到了芒种，在正常年景时，雨水会增多。突然下的雨会使麦粒发芽、发霉、变质；打下来（收割）的麦子无法晾晒，也会发芽、发霉。严重的阴雨天甚至会使眼看要到手的小麦、大麦变成颗粒无收。所以此时收割小麦、大麦称作“龙口夺粮”。

我国特别是在广大的北方地区，到了芒种时节，也是蝗虫容易泛滥的时候。蝗虫也被称作“蚂蚱”，闹蝗虫严重时会造成粮食颗粒无收，还会把种植秋作物的庄稼全部吃掉。除了蝗虫，还有蝈蝈、“地老虎”等虫害。

人们要重点防止以上灾害对农作物造成的影响。所以说，“芒种”真的是很“忙”。

三、生物老师有话说

差一时，收成会少一成：在我国，芒种时节的忙碌，主要体现在广大北方的农作物产区。人们既要收割小麦，又要准备种植其他秋季的农作物。所以说，在我国，芒种时节的气候条件是很重要的，也是农民最忙的时间。因为“你误地一时，地误你一年”，所以在芒种这个时节里，作为农民，谁也不敢有半点耽误。而且，到了芒种时节，北方雨水也会增多，天气的变化也是很复杂的，一会儿闷热，一会儿暴晒，人们在这样的气候和环境下劳作是很辛苦的。芒种时节的气候，对适时种植农作物的影响很大，如果赶上极端天气，就会影响到秋季的丰收。在农作物的种植上，“差一时，收成会少一成”。因此，芒种时节的重要性可想而知。

四、道德老师有话说

贪得无厌终害己：我们应该知道，种植农作物除了依靠大自然的气候和环境外，还有几个关键的因素，那就是种子、肥料和水，也就是我们常说的播种、施肥和浇水。在这里，我来讲一个“种”子的故事。很久以前，有一户人家，家里夫妻俩带着两个儿子，靠种地过日子。大儿子娶了媳妇，小儿子还没有娶媳妇，但老两口就先后去世了。大儿子为人奸诈，小儿子憨厚老实，还“缺心眼”，也就是现在所说的智力有问题。夫妻俩去世后，哥俩开始分家，大儿子把破房和薄地分给了弟弟，把好的房子、肥沃的土地和大部分的家产留给了自己，余粮也没有给弟弟留多少。所以弟弟很快就把口粮给吃完了，到了来年（第二年）的芒种时节，该种秋粮时，连种子都没有，于是弟弟就去找哥嫂借谷种。可是哥嫂很坏，把准备借给弟弟的谷种放进锅里，放到炉火上去炒，把炒熟的种子借给弟弟去种地。哥嫂知道炒熟的种子肯定长不出谷子来，这样弟弟在秋收后就不可能归还借来的种子，哥嫂就等于放了高利贷，接着利滚利，弟弟就无法还清了。这样做，哥嫂就会逼着弟弟用土地来顶债，从而收了弟弟的财产，把弟弟逼走，达到强占全部家产的目的。但是在哥嫂往锅里倒种子时，有一粒种子蹦到了锅外，被弟弟拾了起来，然后他把这粒种子和他哥嫂给的炒熟的种子一起种到了地里。后来地里长出来一颗小苗，就是那粒没被炒的种子。

从此，这个弟弟就每天守候着这株小苗，浇水、施肥、除草。到了秋后，这棵谷子长了一颗很大的谷穗，而且还非常饱满。有一天，飞来一只大鸟，大鸟一张嘴就把这颗谷穗叼走了，大鸟在前面飞，弟弟在后面追，大鸟不停地飞，弟弟不停地追。后来大鸟落地了，当弟弟追上来时，谷穗已经被大鸟吃完了，弟弟大哭。这时大鸟张嘴说话了，叫弟弟骑在大鸟的背上，把眼睛闭上，中途不许睁眼。弟弟照着去做了，大鸟驮着弟弟飞了很远很远，终于落地了。大鸟叫弟弟睁开眼，弟弟睁开眼后看见满山坡的石头渐渐变成了耀眼的金子。这时大鸟叫他赶快捡，说如果太阳出来了，他俩都得死。于是，这个弟弟只捡了几块小的金子放到兜里，就说走吧！大鸟叫他再捡几块，他还是不捡，大鸟只好帮他装了几块大的，就驮着他飞了回来。哥哥看到弟弟有了这么多的金子，就问从哪弄来的，弟弟就把全部经过说给了哥哥。哥哥听完后，赶紧跑回家告诉了媳妇，于是夫妻俩赶快跑到地里，把所有的谷子都给拔了，只留下一颗长得好的壮实的谷子，并且天天守着。

有一天，终于飞来一只大鸟，也把这颗谷穗叼跑了，夫妻俩也是追呀追，终于追上了，谷穗也被大鸟吃掉了。大鸟像前面对他弟弟一样，驮着哥哥飞到了乱石山。当哥哥睁开眼后，看见漫山遍野的金子，高兴坏了！拿出自己早已准备好的大口袋，装呀装呀，没完没了地装，大鸟多次催促快走，可是哥哥的贪心太重，就是不走，最后大鸟只好叼起一个装满金子的大口袋，自己飞了回来。哥哥拿着另一个口袋还在装金子，这时太阳出来了，把哥哥烧死了。大鸟把一大口袋的金子交给了他媳妇后，就自己飞走了。

这时他媳妇把口袋里的金子倒了出来，媳妇看见倒出来的金子越来越多，一会儿就变成了一座金山。媳妇越看越高兴，还一直在喊，再多点再多点。这时金山突然变成了一座石头山，紧接着发出一声巨响，石头山崩塌了，把媳妇埋在了底下。

这个故事告诉人们，种庄稼来不得半点虚假，广大农民是朴实的，是靠自己的勤劳来换取丰收的。凡是心术不正的，投机取巧的，有贪念的，都不会有好的结果。农民应该是最淳朴、最善良、最勤劳的一个群体。

第二节　劳动课

到了芒种节气，正是收割小麦的时候。过去，收麦子也叫拔麦子，是连麦子的根一起拔出来，有利于平整土地，种植下一季的农作物。

1. 拔麦子是很累、很辛苦、很危险的农活。

（1）把小麦连根拔出来是很费力气的。

（2）拔麦子很辛苦，会腰酸背痛，就是成年壮劳力也会感到很累。这也说明我们吃的粮食来之不易。

（3）拔麦子时一定要用双手拽紧麦秆。如果不抓紧，麦秆会把手割出口子。

（4）拔麦子不能直着往上拔，必须斜着拔，这样才省力，也不容易把麦秆拔断。

2. 虽然用镰刀割麦子，比拔麦子省力、快速，能有效地保护双手，但是也有一定的危险，一旦用力过猛或镰刀打滑，就容易割伤自己的手或腿。

3. 现在很多地方使用收割机收麦子，又快又好又安全。

（1）分体式收割机：须用拖拉机当动力，拉着去收割。

（2）联合收割机：不用外来的动力，自行完成行走和收割，并且一次性地把麦粒也脱粒出来，收割和脱粒一次完成。

芒种谚语

芒种火烧天，
夏至水满田。
芒种雨涟涟，
夏至火烧天。
芒种芒种，连收带种；
芒种不种，过后落空。

龙口夺粮

劳动评说

通过不同的方式收麦子，可以体会到农民的辛苦，还有科学技术在农业生产中的重要性。在尝试手工劳动和使用劳动工具时要注意做好防护措施，并注意劳动的方法和技巧，避免受伤。

第三节　营养课

端午节吃粽子

端午节是纪念屈原的节日。屈原以身殉国，自沉于汨罗江，人们为了纪念他，每到端午这天会往江里投入米、豆等食物给屈原吃。后来人们发现，投入水里的食物都被鱼吃了，于是人们就用竹子叶把食物包裹起来再投入江里，这样鱼就没法吃了。这就是粽子的由来。南方人一般用竹子叶包，北方人用芦苇叶包。包粽子时都是选择宽叶、长叶、不裂的叶。把叶子清洗干净后，晾干备用。因为在北方，端午节时新芦苇叶还没长好，所以得用前一年的。用时把叶子用水泡数小时后，入锅煮，开锅 20 分钟即可，然后继续泡，泡到包粽子时。用于捆绑的干马莲草也要泡后和叶子一起煮、泡。

糯米要泡数小时。北方多用小枣、红小豆（红小豆要煮烂）；南方放的料很丰富，除了小枣、红小豆外，还有鲜鸭蛋黄、肉类等。无论是什么，都是和泡好的糯米一起放在叶子上包好。形状有三角形的，也有四角形的。包好后用马莲草捆绑好，放锅里煮。煮的时候一定要放足水，因为要煮的时间很长，一般要煮 2 ～ 3 个小时以上。

营养评说

粽子种类繁多，南北方各有特色。从馅料看，北方多是小枣、豆沙粽；南方则有肉、蛋黄、绿豆、豆沙、八宝、冬菇等多种馅料，其中以广东咸肉粽、浙江嘉兴粽为代表。

粽子黏性大，以温热吃最好，吃粽时若搭配些小菜、热汤、热茶，则可缓解肠胃不适。老人、小孩、胃肠消化功能弱的人尽量少吃，以免引发胃肠不适。有胆结石、胆囊炎和胰腺炎的患者，也尽量不要吃肉粽、蛋黄粽等脂肪含量过高的粽子。

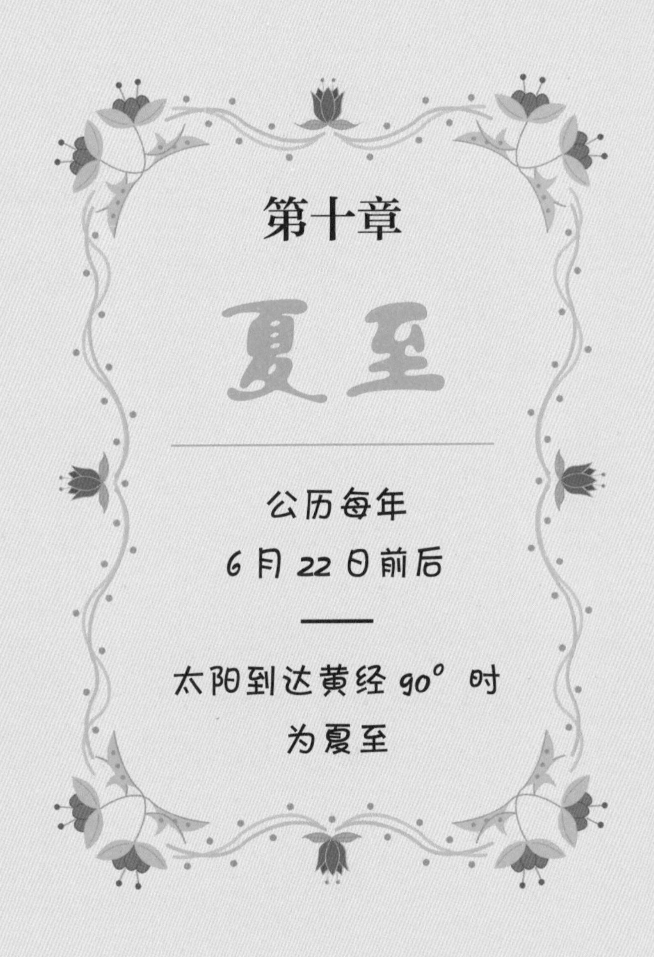

第十章

夏至

公历每年

6月22日前后

太阳到达黄经90°时

为夏至

到了夏至节气

滋阴养肾不能歇

夏至有酷夏已至的意思，是热季的第三个节气。我国除了青藏高原、东北地区、内蒙古和云南等地有一些常年无夏区之外，各地日平均气温一般都升至22℃以上，真正的炎热天气正式开始了。俗话说：“冬至一阳生，夏至一阴生。”这两个节气都是阴阳转换的阶段，阴阳转换时，既要注意保护阳气，也要静心养阴。

第一节　节气课

一、健康老师有话说

主要吃植物性的食物，肉类相应减少一些：到了夏至以后，人们的饮食主要以农作物为主，主要吃些植物性的食物，如面食和青菜，可选择的蔬菜品种也越来越多。人们在炎热的夏季贪凉，凉拌菜所占的比例加大，有条件的话，啤酒的消费也会加大，白酒特别是烈性白酒的消费会相对减少。在过去，火锅是会完全退场的，当然现在不同了，在有空调的室内，火锅也是照吃不误。到了夏季，人们的冷饮消费会快速增长，时令水果也开始多了起来。所以，夏季是食物的“大集会”，相对来讲，肉类消费会相应减少一些。进入夏至以后，空气中的湿度会越来越大，人们应注意保健，以免湿气侵入体内。

夏至天气炎热，人体脾胃功能较差，食欲缺乏。中医学认为，苦能泄热，不仅能调节人体的阴阳平衡，还能防病治病，如苦瓜、苦菜、苦菊、蒲公英、苦丁茶、苦荞麦等。自夏至起，应多选择阴性食物来滋阴养阴，如鸭肉、冬瓜、莴笋、生地黄、百合、紫菜、鸽子蛋、西红柿、银耳等。

夏至时节养生粥

生地黄煮汤滤渣，和大米、百合、枸杞子、枣仁、大枣同煮。

夏至时节养生茶

苦丁茶。

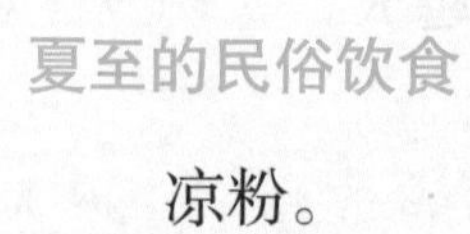

夏至的民俗饮食

凉粉。

不要贪凉，保护好身体的阴阳平衡：到了夏至以后，人们普遍贪凉，特别是青少年及儿童，这个群体对冷饮的消费会占到市场的80%以上。因为天气炎热，人们不爱吃东西，吃不下饭，所以总是想吃凉的，但是这样对人们的养生和健康是个不小的挑战。按照科学的养生方法和人体代谢、循环的需要，人们在天热的环境里也不应进食太过寒凉的食物。就跟我们热天洗澡一样，用凉水洗完澡，当时舒服，过后难受；但是如果用稍微热点的水洗澡，洗完以后会感觉很舒服。到了夏至以后，更要预防胃肠型感冒。胃肠型感冒是非常损害健康的，所以要保护好身体的阴阳平衡。除了这些，还要保证足够的睡眠以养阴气，不要在这个节气熬夜。

二、地理老师有话说

典型的矛盾天气加极端天气：到了夏至，天气一天比一天热，一天比一天闷，人们也感觉一天比一天喘气困难。南方湿度很大，衣服永远潮湿，找不到干爽的感觉；北方有时闷热潮湿，有时刮“干热风”，人们会感到口鼻“冒烟”。在北方，到了夏至以后，树叶都“懒得动弹”，人们仿佛觉得河里的水都是热的；南方时常暴雨成灾，北方有的地方暴雨肆虐，有的地方长时间干旱，是典型的矛盾天气加极端天气。

到了夏至，南方很少能见到晴天。过去，南方杂草丛生，到处是泥泞的路，蚊蝇撞脸，夏至后是传染性疾病的高发期。在北方，到了夏至以后，由于气温很高，不是闷热就是干热，人们是很难忍受的。疾病方面主要是肠道疾病和中暑，其他的传染性疾病会相对减少。

三、生物老师有话说

植物非常茂盛，动物长得很快：到了夏至，在我国，不分南北，植物都是非常茂盛的。夏季的农作物都已成熟，开始大量上市了。粮食作物如小麦、大麦、大豆、绿豆等已经收割完毕，人们开始整地、施肥，种植一些晚熟的作物，也叫麦茬作物。因为麦子刚收割完，地里都是割完麦子后留下的根部——麦茬，比较典型的农作物是白薯，所以又叫麦茬白薯。但是也有很多地方开始整理土地，准备用来种植蔬菜，为数伏后种萝卜、白菜等用。到了夏至前后，即使是在北方，早熟的水果也开始成熟采摘上市了，如油桃、苹果、沙果、樱桃等，蔬菜如苦瓜、冬瓜、莴笋、油菜、韭菜、芹菜、茄子和早熟的扁豆等均已成熟上市。

动物也是一样，到了夏至前后，长得也是非常快，因为它们有很多的食物可吃。人们这时候可以吃小鸡了，也叫笋鸡，也就是“一把抓”的小鸡，这种小鸡既容易烹饪又好吃，鲜嫩可口，老幼皆宜，所以民间有“老狗笋鸡”的说法，也就是说，狗要吃老的，鸡要吃小的。现在社会进步了，大家保护动物不吃狗肉了，但是人们在夏商周开始就有食狗肉的传统，狗肉也位列“八珍”之中，在成语里也有“兔死狗烹”。

小知识

在我们的日常保健食品中，有一个很重要的食材，那就是枸杞，今天就讲讲枸杞的传说。

据传，枸杞原来叫“狗妻”，后来经过演变才叫成了现在的枸杞。传说很久以前，有一户人家，家中有老两口，多年没有生育儿女，人到中年以后才生了个儿子，也可以说是“老来得子”，所以娇生惯养。在过去，人们常选择动物名来作为孩子的名，即使王公贵族家庭也是如此，传说是因为好养活，能“落住”，希望孩子就像家里养的小猫小狗一样容易养活。这户人家也不例外，所以给孩子取了个名字叫“狗子”。后来狗子长大成人了，到了“男大当婚”的年龄了，父母给狗子说了门亲事，媳妇过门以后，人们开始称媳妇为“狗妻”，即“狗子的妻子”，久而久之，人们也就叫习惯了。

又过了几年，狗妻也生儿育女了。平时，狗子在家里种地，养活着一家人，妻子打理家务，小日子过得虽然不富裕，但是一家人凭着自己的劳作也算是衣食无忧，其乐融融的。天有不测风云，社会动荡，到处都有抓“壮丁”的，狗子被抓走当壮丁了。临走时狗子把一家老小都交代给了妻子，叫妻子好好伺候父母。狗子走后，狗妻一个人承担起了照顾全家人的重担，自己既要种地又要做家务，顾得了外面顾不上家里，顾了家里就顾不上外面，再加上天灾，所以吃了上顿没下顿的。但是，狗妻对公婆非常孝顺，家里能吃的粮食，先紧着公婆，再紧着年幼的儿女，自己只能到山上采集野果充饥。后来她无意间发现山上有一种小小的、红红的野果子挺好吃，新鲜时，里面有籽有水，干了以后更是香甜可口。但是狗妻怕有毒，不敢轻易地给公婆和儿女吃，只能自己吃。

过了些年，社会平稳了，狗子回来了，一进门看见年迈的父母和自己骨瘦如柴的儿女，而妻子却白白胖胖的。于是，狗子大怒，认为自己走后，妻子不孝顺父母，虐待父母和儿女，只顾自己吃，不顾父母和儿女。他顺手抄起棍子就打妻子，父母看到后，怒斥狗子，告诉狗子儿媳妇很孝顺，把家里能吃的都留给了老两口和儿女，她自己舍不得吃一口，每天只能上山去采野果吃，即使这样，家里人也是饥一顿饱一顿的。狗子听了以后，跟妻子一起到山上看她经常吃的野果，结果一尝，还挺好吃的。这件事被传了出去，村里的人们也开始采集这种野果来充饥，但人们不知道这种野果叫什么，于是有人提议说，既然是狗子的妻子发现的，就管它叫“狗妻”吧！从此以后，这种野果就叫“狗妻”了。又过了些年，这件事被一个郎中听说了，这位郎中就找到了狗子的妻子，让她带着他去山上采集。郎中采集野果回来以后，经过多年、多次在草药中添加试用，发现这种野果有很多好处，于是把它列入草药中，但总感觉药的名字不妥，经过反复思量，最后取“狗妻”的谐音叫“枸杞”。再往后，人们也就跟着叫“枸杞”了，直至今日。

第二节　劳动课

到了夏至节气，地里的小麦、大豆收完了，麦子地一般会种植晚秋农作物。晚秋农作物一般成熟期比较晚的、耐寒，如水稻和水稻的旱直播。

在这个节气里，初中生可以在收完的大豆地里平整土地，种上晚秋的玉米和高粱。因为在收完大豆的农田里种农作物可以少施肥或不施肥。因为大豆秧底下的根有根瘤菌，是天然的、最好的农作物的肥料。一般情况下，在收完大豆的农田里稍加整理就可以种农作物，省工、省钱又省事。

夏至谚语

夏至落大雨，
八月涨大水。
夏至无云三伏烧。

在北方，还是种植玉米的比较多。特别是现在，人们都喜欢吃玉米。到了晚秋，成熟得好的玉米可以磨面吃，成熟得不好的玉米可以直接煮着吃，也叫吃老玉米，因为口感比较好。

学生在这时种玉米，可以机器种，也可以人工种，可以开沟种，也可以“点”种。

开沟种时用犁把地犁成沟，在沟里撒上玉米种子，在犁的后面拖着一块长木头，种子在犁和木头中间，木头走过后，就把撒进玉米种子的沟拉平了，然后放水就可以了。

点种是按照行距开始人工挖坑，放入玉米种子盖上土，再浇灌，这种方法的优点是节省种子，缺点是费时费力。

犁沟

播种

劳动评说

收完大豆再种玉米的方法叫轮作，是用地养地相结合的一种措施，不仅有利于均衡利用土壤养分和防治病、虫、草害，还能有效地改善土壤的理化性状，调节土壤肥力，最终达到增产增收的目的。北魏《齐民要术》中就有“谷田必须岁易”的记载。劳动人民的智慧是无穷的，大家可以多多学习体会。

第三节　营养课

老北京焖面

原料：面条200克，扁豆500克，五花肉丝100克，葱白2寸，蒜一头，食用油、酱油、盐、酱、大料（八角）适量。

制作：扁豆洗干净控去水分后切成寸段。五花肉洗净切成片或丝，放入淀粉、盐少许，抓匀，葱切丝。锅里放油（热锅凉油），放入五花肉炒至发白后，放入一半的葱和姜丝煸炒，放入酱油调色，出锅。洗干净锅后预热后倒油，放葱花爆香后，放进扁豆、面条，面条一定要弄散，盖上锅盖中小火焖制，汤快干时停火，用筷子拌均匀，放上蒜末。

现代版的制作方法是先处理好面条，把面条拌上油，上锅先蒸，再放在扁豆上焖，为的是不粘。老北京制作，看的是厨技，不用上油和蒸。

营养评说

老北京焖面是道简单硬核的家常饭。猪肉含有丰富的优质蛋白质、脂肪、血红素铁等营养素，能补充体力，改善缺铁性贫血。慢火炖出来的红烧肉，味道香溢醇厚，被誉为“诸肉唯有猪肉香”。豆角有植物肉的美称，豆角中的钙元素含量较高，很适合容易缺钙的人群。老北京焖面，有肉有菜有主食，营养均衡，搭配合理，快速一锅出，简单而不失美味。

第十一章

小暑

公历每年
7月7日前后

太阳到达黄经 105° 时
为小暑

头伏萝卜
二伏菜
三伏里头种白菜

小暑是热季开始后的最后一个节气，炎热袭人，我国绝大部分地区日平均气温已在25℃以上，最高气温可达40℃。小暑时节要调整好自己的情绪，保证充足的睡眠，积极参与社交活动，交流思想，保证心情愉悦。

第一节　节气课

一、健康老师有话说

选择禽类肉和羊肉、牛肉，保持冷热平衡：小暑时节的养生也很重要。因为到了小暑时节，天热，人们更加不爱吃饭，睡眠也少，身体的消耗增大，环境的湿度也大。所以到了小暑时节，不仅要保持阴阳平衡，还要防止中暑和暑热、暑湿，有心脑血管慢性病的人群，更要适时调整好自己的饮食。我们常规的选择是以绿豆汤、绿茶、菊花茶、白开水为好，一定要限制冷饮，特别是广大的青少年、儿童群体。在食物上可适当选择禽类肉和羊肉、牛肉，保持冷、热平衡，可以选择一定量的水果，但是不可以用瓜果代替饭，均衡膳食很重要。

防中暑，防长痱子：小暑时节，长江中下游地区的梅雨季节先后结束，进入副热带高压控制下的高温少雨天气。从这个节气开始，天气就不会再凉爽，风中都带着热浪，这正是伏天的开始。盛夏天气炎热，出汗多，睡眠少，体力消耗大，再加上消化功能差，很多人都会出现全身乏力、食欲缺乏、精神萎靡、体内电解质代谢障碍、中暑等症状，老年人易诱发心血管疾病，小孩和肥胖人群易长痱子。

二、地理老师有话说

天是热天，气是热气，风是热风：到了小暑时节，也就意味着进入伏天了。到了伏天，在我国，无论是南方还是北方，户外都是很热的。南方的闷热能达到极致；北方的酷暑和新疆的酷热堪比炉火。在我国的民间有广为流传的“冬练三九，夏练三伏”的民谣，形容意志的坚强以及不屈不挠的精神。到了小暑，天是热天，气是热气，风是热风，无雨是这样，下了雨后更是闷热难耐。这是我国典型的地理特征所决定的现象。

三、生物老师有话说

第二个农忙的开始：小暑时节正是第二个农忙的开始，农民们到了种植秋作物的时候了。在过去，主要是种植冬储用菜，如萝卜、土豆、洋葱（葱头）等。特别是萝卜，在我们北方，以北京地区为例，主要有大白萝卜、小白萝卜（也叫酱杆白，主要是用作腌咸菜）、心里美、卞萝卜、卫青萝卜和胡萝卜等。这些都是我们北方人在过去的冬季、春季主要食用的菜类食物，因为这类蔬菜方便储存，并且储存的时间比较长。

第二节　劳动课

到了小暑节气，也就进入伏天了。在伏天里，有“头伏萝卜”的说法，也就是在头伏里种萝卜。

在广大的北方地区，伏天种的萝卜主要是大白萝卜和灯笼红（也叫卞萝卜），主要是用来做馅的，还有北京有名的心里美萝卜。

小暑谚语

小暑连大暑，
除草防涝莫踌躇。
小暑不见日头，
大暑晒开石头。
小暑热得透，
大暑凉飕飕。

耙地

出苗

除虫

学生可以把萝卜种子撒在沟里，上面盖上土，但土不能厚，一般以 1 厘米左右为宜。太厚的土，萝卜长不出芽。浇水时应缓慢浸湿土壤，不能猛浇，如果水大了就会把刚埋进去的种子冲出来。所以，学生做这种农活最合适，可以拿着喷壶浇水，效果肯定是最好的。

劳动评说

“橘生淮南则为橘，生于淮北则为枳”出自《晏子春秋》，说明环境变了，事物的性质也会变。虽然橘子变成了枳实不好吃了，但是枳实仍是一味常用的中药材，味苦、辛、酸，性微寒，归脾、胃经，能破气消积，化痰散痞，可用于积滞内停、痞满胀痛、泻痢后重、大便不通、痰滞气阻、胸痹、结胸、脏器下垂。这味药在汉代的《神农本草经》中就有记载。根据不同事物的性质合理地加以利用，也是一种智慧。

第三节　营养课

头伏饺子

在麦收以后，也是春后青黄不接以后的第一个农作物“打下来”

时，人们为了庆祝久等来的好收成，会吃饺子。在过去，只有在过年过节才能吃到饺子，所以老话说“好吃不如饺子，舒服不如倒着”。在“头伏”吃饺子，表达了老百姓对冬小麦丰收的喜悦之情。

在过去的北京，头伏的饺子大多数是吃菠菜馅的，因为这个时候青菜带叶的，能做馅的也只有菠菜了。

1. 做馅：在过去，这个时候的馅主要是素馅，肉很少。天气热，肉也不容易存放。素馅主要有菠菜、鸡蛋、细粉丝，可以从中任意选择。菠菜一定要择干净、洗净，用开水焯后，用凉水多次冲，可以去掉菠菜里面的草酸。然后把水攥干、切碎，把细粉丝泡后切碎，把鸡蛋炒熟切碎制成馅。

2. 调料：在过去，主要是盐、香油、五香粉。

3. 和面：面 500 克，大约加水 270 克。

4. 擀皮包制。

营养评说

头伏之时恰逢刚刚麦收，此时家家都有粮，又有“好吃不如饺子”之说。因此，饺子自然成为初伏时令的首选。

饺子形似元宝，“伏”与“福”同音，因此，“初伏”饺子有“元宝藏福”的寓意。人们在“头伏”吃饺子，也有期盼平安度夏的美好寓意。

第十二章

大暑

公历每年

7月23日前后

太阳到达黄经120°时

为大暑

暑大气湿　绿豆利水

适之养阴　健阳祛斑

滋阴祛痘　勿择时日

大暑已至　万物荣华

大暑到了，这是一年中最热的节气。现代气象学一般将日最高气温高于35℃的日子称为“炎热日”；最高气温达到37℃以上的称为“酷热日”。大暑是雨季的第一个节气，这个时节雨水多、湿气重、气温高，一般晴天的日子，人似在火堆旁，火烧火燎的。但遇雨过转天晴又似坐闷罐，更加难熬，动辄便会汗流浃背，挥汗如雨。大暑天气，酷暑多雨，所以暑湿之气比较容易乘虚而入，特别是老人、儿童、体虚气弱者及从事户外劳动的人要谨防中暑。

第一节　节气课

一、健康老师有话说

饮食主要是以时令的食材为主：大暑节气，日常饮食方面应多选择时令的、新鲜的蔬菜、水果，如西瓜、绿豆、酸梅、西红柿、茄子、辣椒、油菜、空心菜、苋菜、南瓜、红薯、山药、冬瓜、丝瓜、西葫芦等，肉类可选择鱼、泥鳅、鸡肉、鸭肉等。

过去在北京，这一时节人们主要是吃水饭和面，所以有“二伏面”的风俗。先说水饭，在过去的北京也叫“捞饭”，就是把锅里的水烧开，把洗好的大米倒进锅里煮熟。煮的水一定要“宽”，就是水要多放些。水饭煮熟后，捞出放在盛好凉白开的盆内，可以多换几次凉白开。在过去都是用井水，夏天的井水是很凉的，这样过水的米饭非常凉爽，再就上咸菜，吃起来非常惬意。咸菜也很有讲究，是老咸菜疙瘩，切成细丝，把青尖椒也切成细丝，放上香菜，浇上酱油、醋，滴上香油，那真是一种美味。二伏的面也很有说头，很多人认为二伏的面是凉面，但实际上过去的老北京吃的是热汤面。二伏天气很热，吃热汤面后大汗淋漓，能够使人把汗出透，出透汗后人会感觉更舒服。

大暑时节养生粥

姜丝小米粥。

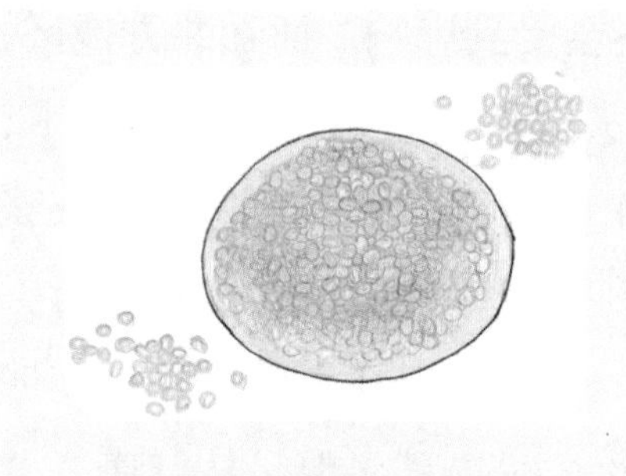

大暑时节养生汤羹

绿豆汤。

大暑的民俗饮食

水饭。

二、地理老师有话说

冷在三九，热在中伏：在我国，每年的大暑节气，一般是在二伏（也叫中伏）里面。民间有“冷在三九，热在中伏”的说法，也就是说，每年到了大暑或中伏时节，我们便迎来了一年当中最热的时期。日均气温达到年内的最高值，所以大暑的天气也被称为酷暑。大暑时节也是多雨的时节，酷暑加上雨后的闷热潮湿，导致无论南方地区还是北方地区的人，都会感觉到闷热难熬。即使是在北方，到了大暑节气，空气中的相对湿度有时都会达到 80% 以上，身体有汗发不出去。老人、儿童是中暑的高危群体，户外工作者更容易成为酷暑的受害者。在我国的新疆地区，到了大暑时节，地表温度更是达到 60℃以上，就像《西游记》里孙悟空踢翻了太上老君的炼丹炉一样，而新疆的火焰山简直就是我国高温地区的代表。

三、生物老师有话说

头伏萝卜，二伏菜：过去，到了大暑节气，在我国的南方地区，各种农作物的种植仍然是一如既往，不会受到影响。而在北方地区，特别是北京的周边地区，主要是种植大白菜，所以有“头伏萝卜，二伏菜”的说法。过去，如果大暑这个时节不能种上大白菜，那么人们在整个冬季，甚至是春季都吃不到一点带叶的蔬菜，那将对人们的生活及生命健康产生极大的危害。当然，现在不同了，一年四季什么时候都能种，想什么时候种就什么时候种。但是从健康、营养学上讲，人们还是最好选择应时应季的食物比较好。

小知识

在正常的年份里，小暑之后、大暑之前正是进入伏天的时候，也就是每年的初伏。中伏也在大暑前后，所以大暑前后有两个伏天。在老北京伏天的饮食里，有“头伏饺子，二伏面，三伏烙饼摊鸡蛋”的传统吃法。无论是头伏的饺子还是二伏的面，老北京人都离不开吃蒜，甚至三伏里面的摊鸡蛋也有用青蒜摊的，所以今天就讲个关于大蒜的故事。

传说在很久以前，有一家人，丈夫常年在外做事，家里留有媳妇和他们的儿子，还有前妻留下的一个儿子。

有一年，到了大暑时节，地里种的瓜已经开始陆续成熟了，种的大蒜也可以吃了。在农村，这个时候是需要人去看守的，防止外人偷摘，这种做法在农村叫作“护青”。女主人考虑叫两个儿子去看守自家的农作物。想来想去，觉得叫自己的亲儿子去看守瓜地好，熟的、甜的瓜，儿子想吃多少就吃多少；大蒜辣辣的，谁又能吃多少！于是，她就叫自己的亲生儿子去瓜地看守瓜，叫继子去蒜地看守蒜，前提是都不提供其他的食物。两个儿子各自领了任务去看地，到了秋后，地里的瓜也采摘卖完了，大蒜也“起”完卖掉了，于是两个儿子回家了。

两个儿子进门后，女主人看见自己的亲生儿子骨瘦如柴，继子白白胖胖的，很是纳闷。原来亲儿子只能以瓜来充饥，继子因为生蒜太辣，没法食用，于是就把大蒜放到锅里煮熟了再吃，这样吃就不辣了，经过一个夏季的食用，变得又白又胖。后来这个事情也被传了出去。由此可以看出，大蒜可以养人。

第二节　劳动课

大暑谚语

六月不热，
五谷不结。
大暑到立秋，
积粪到田头。

到了大暑节气，我们的初中生可以种植白菜了。大白菜是北方家庭的“看家菜”，人们吃大白菜的时间最长，吃大白菜的时候最多，大白菜在家庭烹饪里所占的位置也最为重要，应用最广。白菜可以炒着吃，可以熘着吃，可以熬着吃，可以炖着吃，可以腌着吃，可以拌着吃，可以做泡菜吃，可以做馅吃等，是任何一种菜代替不了的。

大白菜可以从小吃到大，每个成长阶段都有不同的烹饪方法和吃法。

学生种大白菜的时候，先把土地平整好，然后豁成浅沟，浇水，水渗透之后，撒进白菜的种子，上面盖上土，土不能太厚，以 1 厘米为宜，可以种得密一些，适时浇水。白菜长到 10 厘米左右时，就可以间苗了。一般是隔一棵拔一棵，拔弱小的苗，拔回来可以做菜吃。在后来的日子里，白菜边长，学生可边拔，直到白菜与白菜之间的距离为 50 厘米为止，这样剩下的白菜就能长成大白菜了。长到大白菜时，学生要用绳子（过去用草绳）把白菜拦腰绑上，为了使白菜长心。大白菜喜欢重肥大水，过去是浇大粪。

我们的看家菜

播种

锄苗

劳动评说

廉价又普通的大白菜原产于中国，在西安新石器时代半坡遗址中出土的一个陶罐里就有白菜籽，距今已有6000多年的历史。古时候称白菜为菘菜，唐以前主要产于南方，后传至北方，并且于明代传到朝鲜半岛。白菜除了食用，还有一定的药用价值，可以解热除烦、通利肠胃，还能解酒后口渴。只要用心，我们就会发现看似平凡的事物都有非凡的价值。

第三节　营养课

二伏面

在过去的老北京，二伏面的“面”，主要吃的是芝麻酱过水面。

1. 调酱：最好用二八酱（两份花生酱，八份芝麻酱）。取适量二八酱放在小碗里，酱上面撒上细盐，用筷子搅拌，边搅拌边往里面加入凉白开水。要少加、慢加。如果水加得过快、过多，酱就会“落”了，酱和水就会“分家”。

2. 制码：过去这个时候，主要用小水萝卜。把小水萝卜洗干净，切成细丝。有的地方可能会用黄瓜，也要切成细丝。

3. 和面：面条面一定要是硬面，比例是面粉500克，水240克左右，盐3～5克。

4. 切条。

5. 煮熟后过凉水，现在是放凉白开，过去是井水。吃时就着刚下来的青蒜。

营养评说

二伏吃面的习俗早在三国时期就已经存在了。《魏氏春秋》上有记载说，在“伏日食汤饼，取巾拭汗，面色皎然”。这里的汤饼就是指汤面、面条。最早的面食分为蒸饼和汤饼，后来蒸饼逐渐演变成今天的馒头、饼等面食，而汤饼经过人们的不断加工变得更为细长，而成了面条。

古人用营养丰富的新小麦磨成面粉，煮一碗热乎乎的汤面吃，出一身大汗，通过发汗来“去恶”，驱走病症。夏粮新收的麦子中营养丰富，不仅蛋白质含量高，而且B族维生素和多种矿物质也比大米约高出一倍。

老北京的二伏面，吃的是过水麻酱面，清清爽爽，麻酱飘香，不仅饱腹，更能消暑清热，补充炎炎夏日人体失掉的营养和能量。

第十三章

立秋

公历每年

8月8日前后

太阳到达黄经135°时

为立秋

秋至见丰　五谷养生

肉食进补　量力食之

勿忘蔬果　食谷主食

立秋之日凉风至

按照现代气候学划分四季的标准，下半年连续5天日平均气温稳定降到22℃以下为秋季的开始。立秋过后，秋高气爽，月明风清，气温也逐渐下降，每年最热的时期就要结束了。但俗语说："秋后一伏热死人。"立秋是雨季的第二个节气，雨季的四个节气中大暑与立秋是暑湿合伙肆虐的时候，天气闷热又潮湿。

入秋之后，人体经过炎热夏季的消耗，脾胃功能下降，肠道抗病能力减弱，稍不注意就可能会发生腹泻。另外，由于气候温润潮湿，特别适宜蚊子滋生。因此，初秋也是蚊媒性传染病的高发季节。所以日常生活应注意祛湿，调理脾胃，滋阴润燥，注意饮食卫生，加强体格锻炼。

第一节　节气课

一、健康老师有话说

贴秋膘，但要节制：在我国有立秋“贴秋膘”的民俗。“贴秋膘”的意思是说，到了立秋后，人们应该多吃点，身上要多长点“肉”，做好抵御即将到来的冬天的寒冷。所以，到了立秋这天，无论家里是穷还是富，都会炖肉，在北方更是盛行酱肉和酱肘子。如今，“贴秋膘”时也要注意自己的体质，因为现在的人们各种食物充足，绝大部分的人是不缺乏营养的，所以“贴秋膘”也应因人而异。

“贴秋膘”常吃的肉主要是猪肉，在酱肉、炖肉上也有很多的讲究。在北方，还有两种民间常见的酱肉，一个是“酱方子肉”，另一个是“酱肘子”，做法比较相似。老北京人也有在立秋这天用烙饼卷猪头肉的吃法。

立秋后的养生主要是祛湿，调脾胃，如拔火罐、刮痧，目的是把一夏天的湿热、暑热排出体外。在饮食上，要补上由于暑热天气不爱吃饭而造成的身体亏损，可以选择些高蛋白的食物，如瘦肉、鱼、蛋、豆腐等，也要适当补充新鲜蔬菜和水果，如山药、莲子、冬瓜、黄瓜、海带、苦瓜、莴笋、茄子、西瓜等。

但是，无论什么食物，都不能不加节制地摄取，一定要根据自己的实际情况，选择适合自己的食物，选对食物是很重要的。

立秋养生汤羹

鱼腥草汤（鱼腥草、冰糖、梨）。

立秋民俗饮食

栗子焖肉。

防鼠疫：鼠疫是鼠疫杆菌借鼠蚤传播为主的烈性传染病。通常情况下，鼠疫分为两大类：一类是腺鼠疫，另一类是肺鼠疫。腺鼠疫是在潮湿的区域产生和传播的，到了干燥的区域会自行灭亡。腺鼠疫依靠接触传播，如直接接触疫鼠或接触疫鼠碰过的东西及粪便等，都会使人感染鼠疫。腺鼠疫主要发生在我国的南方区域。而另一种鼠疫是肺鼠疫，这种病菌可以在干燥的环境下传播，主要依靠飞沫传播。当人们吸入带鼠疫病菌的空气后，就会感染上鼠疫。这种鼠疫的危害性要远远大于腺鼠疫。肺鼠疫的病菌很怕潮湿闷热的环境，所以当天气到了潮湿的季节，肺鼠疫就会自行灭亡。这就是灾后为什么要灭鼠的原因，老鼠是很聪明的一种动物，它的基因与人类高度相似，但对人类的威胁也很大。灭鼠的工作是非常艰巨的，而秋季也是灭鼠的最好时候。

二、地理老师有话说

谨防泥石流和其他自然灾害：立秋后的雨水仍然是很多的，大地经过一个夏季的雨水后，大部分土壤水分已经饱和，土壤已经被水泡透、泡松了。所以立秋后的多雨、大雨、连续的降雨是造成泥石流的主要原因，是许多自然灾害的诱因。秋季的泥石流和其他自然灾害要比其他季节的灾害严重得多，特别是对即将收获的农作物更是致命的伤害，因为在这个季节，无论什么作物都不能再补种了。秋季的泥石流和洪水也会使鼠疫传播的风险加大。

三、生物老师有话说

万物结籽：立秋的最大受益者是动植物。立秋后，在农业上有“万物结籽”的说法，意思是说，到了立秋后，所有的秋作物都会结籽。这个时候，农民应该施肥，保证肥水的充足，这样才能保证作物的籽粒饱满。秋季的农作物是一年中最重要的作物，种类最多，产量最高，是国民经济的基础，是保障人和动物生存的生命线。在我国的广大农产区，秋季的农作物主要有水稻、谷子、玉米、高粱、荞麦、莜麦、薏米、紫米、黑米、大黄米、糯米等。因此，秋季是“食之源”。

小知识

五花肉含有锌、硒、镁、锰、磷、钙、钠、钾、铜、铁、胆固醇、核黄素、硫胺素、维生素 A、维生素 E、蛋白质、烟酸、脂肪、糖类等，是目前肉类中含营养素最多、最丰富的。

第二节　劳动课

到了立秋节气，学生可以到果园参加劳动，可以给苹果树“疏果”、套袋。“疏果”是为了把不好的苹果摘掉，留下好的苹果继续生长。同学们还可以给果树浇水、施肥，给苹果套上口袋。

立秋谚语

立秋有雨样样收，
立秋无雨人人忧。
立秋雨淋淋，
遍地是黄金。

给果树浇水要根据果园的大小决定浇水时间。如果是大果园，需要几个小时甚至几天，只要把水管放入园子就可以了，只要水不流出园子就行，所以给果树浇水是比较轻松的劳作。

给果树施肥也是一样，需要的肥多，学生可以用小推车直接把肥料倒在果树底下，浇上水就可以了。

优胜劣汰，合理留果

套袋以防鸟食果

丰收

劳动评说

小满的时候同学们已经学会了如何给桃子疏果和套袋，这次面对苹果也可以举一反三，触类旁通。

第三节　营养课

三伏烙饼摊鸡蛋

原料：面粉、水、盐、鸡蛋、葱、油。

制作方法：

1. 和面：面粉 500 克，水 300 克左右。

2. 把面和好后，饧 20 分钟，放在面板的醭面（做面食时为防止粘连用的干面粉）上，擀成 5 毫米厚，撒少许盐，倒入少量的油，涂抹均匀，折叠擀好（不能卷），放入电饼铛烙至两面金黄。

3. 葱洗净切碎，放入大碗中，打入鸡蛋，放盐搅拌。锅里倒适量的油，油热后倒入蛋液，摊至两面上色。

4. 把烙好的饼“撕开”，把摊好的鸡蛋饼放进去即可。

营养评说

“头伏饺子二伏面，三伏烙饼摊鸡蛋”，在民间饮食习俗中，烙饼摊鸡蛋是末伏的应节时令美食。三伏吃它是有讲究的。立秋后，天气转凉，人们的食欲渐增，也想调剂一下口味。饼由新面粉制成，烙制时麦香四溢，很有幸福感；鸡蛋营养丰富，给我们提供优质蛋白质、脂肪、维生素和铁、钙、钾等人体所需要的矿物质，还富含DHA和卵磷脂，能够健脑益智，强壮身体。

人们在吃烙饼摊鸡蛋时，往往还要加上一些酱类、新鲜蔬菜和熟肉制品，在丰富口感的同时，营养更为均衡。饼是圆的，摊的鸡蛋也是圆的。三伏第一天，吃烙饼摊鸡蛋，寓意团团圆圆、幸福美满。

第十四章

处暑

公历每年

8月23日前后

太阳到达黄经150°时

为处暑

处暑禾田连夜忙

暑去寒来接富贵

风调雨顺保五谷

农家户户接五福

处暑前后，我国中部、东部和南部的广大地区，日平均气温仍在22℃以上，白天天气热，早晚凉，昼夜温差较大，空气干燥，草木开始变黄，寒气开始袭来。俗语说：“谷到处暑黄，家家场中打稻忙。”处暑正值秋天收获的时候，此时人体也处于收获的时期，身体由活跃、消耗的阶段，过渡到沉静、积蓄的阶段。处暑是雨季的第三个节气，暑热开始减弱，但湿气还是很重。日常生活中，应注意适当运动祛湿，滋阴润燥，要保护好在秋季活跃的肺气。

第一节 节气课

一、健康老师有话说

食物最丰富的时候：在我国，到了处暑以后，各种农作物开始陆续成熟。青玉米可以掰下来煮着吃了，白薯也可以挖出来食用了。玉米和白薯是我国的两大高产作物，是过去人们的看家食物，是能够顶起农作物半边天的作物。我国有四大高产、主产的农作物：冬小麦、玉米、水稻、白薯。四大农作物支撑着我国的整个农业和人们的口粮，所以我们应该珍惜粮食。此外，处暑也是蔬菜、水果的丰收时节。因此，人们餐桌上的食物种类是极其丰富的。

我国的处暑节气是在农历的七月份。农历七月，正是吃螃蟹的时候。在民间有“七尖八圆”之说，因为雄螃蟹的脐是尖的，雌螃蟹的脐是圆的。每年的农历七月份，雄螃蟹最肥，而到了农历的八月份，雌螃蟹最肥，蟹黄也最满。我国最早吃螃蟹的年代，据说是秦代，在修建万里长城的时候，就开始有人吃螃蟹了。也有说是在汉代，《汉武洞冥记》中记载汉武帝是第一个吃螃蟹的人。还有人说是从大禹治水时开始吃螃蟹的，巴解是第一个吃螃蟹的人，而且当时把螃蟹称作“夹人虫”。无论哪种说法，都能说明在我国吃螃蟹有很长的历史了。中国食材选择的历史始于夏代，因为在夏代，无论是“天上飞的”，还是“地上跑的”“水里浮的”，人们没有不吃的，所以吃螃蟹始于夏朝也有可能。在我国，吃螃蟹是很有讲究的，单说工具，就有“蟹八件”。

处暑的运动方式

晨跑，打太极拳，做瑜伽，做操。

处暑时节养生粥

小米、玉米、南瓜、大枣。

处暑时节养生汤羹

冬瓜丸子汤。

处暑的民俗饮食

黄馅梅花酥（南瓜、红薯、山药）。

以祛湿、滋阴、健肺为主：到了处暑，人们的体质由于气候的变化也会发生改变。在我国的北方，空气由潮湿转向干燥，人们的体质也开始由阴转向阳，由阴湿转向肺热了。因此，到了处暑，北方的人们应该滋阴养肺，补充“肺气”。因为冬春是北方人易患呼吸系统疾病的季节，所以必须要在处暑时期开始补肺养肺，预防在先。因此，处暑也是中医“未病先防”的时候。在北方，人们可以选择梨、百合、萝卜、西红柿、苹果等食物。在我国的广大南方地区，到了处暑，天气的变化不会太大，湿气不会有丝毫减少，所以人们还是应该以祛湿、滋阴、健肺为主，应该多吃蟹、橙子、柚子、菠萝、芝麻、糯米等食物。

二、地理老师有话说

学生要开始“耕耘”了，农民却要准备收获了：处暑时节，我国大部分地区的温度都是下降的。在北方地区，进入处暑后，气温虽然有时还比较高，但一般也只出现在中午前后。清晨和夜间相对要凉爽很多，至少夜里能够好好睡觉了。到了处暑，降雨还没有明显减少，闷热的天气也还没有完全退去。特别是在我国的南方，闷热的天气还是会继续保持一段时间。在每年夏秋交际时期，台风频繁光顾我国东南沿海地区，会给沿海地区的交通、道路、民房、建筑、农作物、渔业等带来极其严重的损失。到了处暑时节，我国南方的气温变化不会太大，农作物也不会发生变化，该长还长，该绿还是绿的，但是在我国的北方，特别是东北地区，早种的农作物有的开始发黄了。所以在气候方面，我国南北方的差异是很大的。到了处暑，我国大、中、小学的学生也即将结束暑假，新的学年就要开始，有孩子上学的家庭开始忙碌了。因此，处暑时节虽暑气未退，但人们的忙碌却开始了，学生和农民形成了鲜明的反差，学生要开始“耕耘”了，农民却要开始准备着收获了。

三、生物老师有话说

农忙繁重，预测收成：处暑时节，在我国的广大南方地区，农民们的劳作更加繁重了。因为南方的农作物是一年两熟或三熟，也就是说在同一片土地上，一年能种两次或三次的农作物，所以到了每年的处暑，正是收获第一或第二茬农作物，种植第二或第三茬农作物的时候。因此，劳动的力度会变得更大。而在我国的北方，到了处暑，一般很少再种植农作物，特别是在东北，就更不用种植了。所以北方的农民到了处暑以后，就期盼着老天爷风调雨顺，到了秋后有个好的收成。在北方，到了处暑时节，有的庄稼就能够预测出收成了，所以在过去，北方的处暑也是农民喜忧参半的时候。

第二节　劳动课

俗语说："谷到处暑黄，家家场中打稻忙。"其实，在我们广大的北方地区，处暑时节，很多庄稼还都没有成熟，只是谷子（小米）的穗刚有些黄，距离成熟还要有两个多节气的时间，但是大麻可以收获了。这里说得大麻不是毒品的大麻，而是种植的用来制作麻袋、打麻绳的大麻。大麻在我们的生活中应用很广，如麻袋装物料、麻绳纳鞋底（过去都是妇女用麻绳纳鞋底，来为家人做鞋）等。

处暑谚语

处暑不出头，
割谷喂老牛。
处暑雷唱歌，
阴雨天气多。
处暑里的雨，
谷仓里的米。

大麻的生存能力很强，随处可种，随处可生长，留作种子的大麻籽，埋到哪里就在哪里生长。长成之后，收麻剥麻的工作，初中生是完全可以胜任的。

1. 收回的大麻要放入河里，上面压上重物，如石头等，使大麻完全泡入水里，一般至少浸泡 10 天以上。

2. 把泡好的大麻捞起来，把皮撕下来，要从根往上撕，不能断。

3. 把撕下来的皮合成一把一把的，然后人站在河边的水里（浅水），用手拽住一头开始往河边石头墙上摔，摔到根根散开能做衣线，一样粗细就可以了，这就叫从“生”麻到“熟”麻了，可以打成绳用了。

4. 过去剥下皮的麻秆主要是当作柴火，使用柴锅烙饼是非常好的，尤其是贴饼子。

剥麻秆，制麻绳

劳动评说

麻可作为纺织原料，有些可织成各种凉爽的细麻布，有些适宜纺制绳索和包装用的麻袋等。麻纤维具有良好的吸湿散湿与透气的功能，质地轻又结实耐用。中国早在公元前4000年前的新石器时代就已采用苎麻作纺织原料，体现了古人对自然的合理利用以及生存智慧。不仅大麻的纤维可以利用，大麻的种子——火麻仁也早已在汉代被当作药材使用，可以润肠通便。

第三节　营养课

爆炒冰核

到了处暑，无论在我国的南方还是北方，热还是主旋律。给大家介绍一个传说中的解热小吃“爆炒冰核（音壶）”，据说这是当年慈禧太后为了难为御膳房厨师而萌生的奇思妙想。

1. 把可食用的冰砸成枣大小的块。

2. 把面粉与水搅成糊。

3. 准备两口锅，置于火上。

（1）一口锅内放入1000克植物油，烧至7～8成热。

（2）另一口锅倒入少许油，油热后放入葱、姜片爆香，倒入用淀粉、糖、盐、酱油等调好的汁。

（3）把冰块裹上面糊，迅速下油锅炸制，外面刚一焦黄，直接捞出倒入另一个炒好汁的锅内，翻滚后迅速出锅装盘即可。

营养评说

爆炒冰核这道菜确实很考验厨师的技术水平，其实做好这道菜的秘诀就在速度上，同时冰核外面挂的糊是做成这道菜的诀窍，因为这层糊阻隔了热油的传导，保护了冰核不至于在短时间内快速融化。糊的调制很关键，一般采用鸡蛋、淀粉、面粉等食材，而且各食材比例要恰到好处，调制得太稀、太稠都会影响这道菜的成功。裹上鸡蛋糊的冰核，经过快速油炸，给本来没有任何营养的冰块，赋予了鸡蛋的营养和油脂的醇香。在炎炎夏季，能够吃上这道外面酥脆、内里冰凉的奇特美食，可谓是十分惬意了！

第十五章

白露

公历每年

9月8日前后

太阳到达黄经165°时

为白露

白露身子勿露

免得着凉泻肚

白露时节，晴朗的白昼温度虽然可以达到30℃，但凉爽的秋风代替了夏季的热风。随着气温的下降，空气中的湿气在夜晚常凝结成白色的露珠挂在树叶和草尖上，所以称为白露。

白露是雨季的最后一个节气，湿邪大势已去，这时的湿是夹杂着凉气的。谚语云："白露不露身，早晚要叮咛。"意思是说，天气凉了，身体不要裸露太多，如果不小心感受这种湿邪，是最容易得关节炎、风湿病的。因此，爱美女士在白露时节的下雨天不要光着腿穿裙子。另外，老人在这个时候容易旧病复发，还容易产生悲伤情绪，良好的社会关系和适当的户外活动能减少老人在情绪上的不适。

在我国，到了白露节气，南方地区的气候、植物还不会有什么变化。但是在我国的北方地区，特别是东北和西北地区，变化是很大的。这些地区主要有三大变化：一是天高气爽，有蓝天白云的日子多了，空气变得一天比一天干燥了；二是农作物开始陆续地收获了；三是人们身上穿的衣服开始多了。

白露以后也是人们出行旅游的旺季。春季旅游和秋季旅游各有其特点：春季旅游是赏花、踏青；秋季旅游是赏景、采摘。在北方，特别是北京地区，白露以后，真是蓝天白云，而且云是飘游的，自然景观非常美丽，人们的心情也一扫夏日的烦闷，是北京地区难得的一段美好时光。

第一节 节气课

一、健康老师有话说

祛火润燥：到了白露节气以后，在我国的北方地区，由于湿邪的退去，环境开始变得干燥，人们的饮食习惯和结构也相应地随着节气的变化而变化。所以在北方地区，白露以后，人们应注意多喝水，多选择黄色、白色和黑色食物，如玉米、大豆、黑豆、萝卜、冬瓜、白木耳、黑木耳、紫薯、西红柿、莲藕、红薯、秋梨、黑米、黑芝麻等，蔬菜上多选些叶菜类和果实类的。

白露以后，天气渐凉，人们的胃口开了，食欲会增强，进食量也会增大。因此，合理选择食材很重要，烹饪的方法也很重要。与夏季不同，夏季的烹饪多以凉拌为主，以冷食为主；而白露以后，天凉快了，人们也就喜欢做饭了，所以在家庭烹饪上，炒、炖、蒸、煮、炸等烹饪方式会逐渐地增多。

白露时节养生粥

红薯小米粥。

白露时节养生茶

菊花枸杞枣茶。

白露的民俗饮食

发糕。

北京地区进入白露后，时令水果开始减少，进入淡季。干果和坚果开始逐渐上市，如葡萄干、杏干、柿饼、核桃等。这时候的羊肉也开始上市，民谚说：“六月的羊翻过墙，八月的羊尝一尝。”

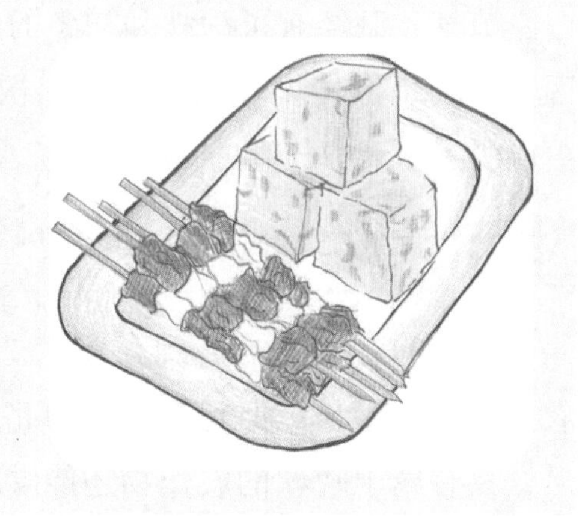

祛除夏季湿毒，防止秋冬干燥上火：到了白露以后，天气的变化很大，人的体质变化也很大，食欲变化更大，所以应季调养很重要。在北方，到了白露节气后，养生主要是祛除夏季湿毒，防止秋冬干燥上火。既要补充因夏季天热少食造成的体亏，又不能使身体增肥，这才是整个秋季的养生之道。白露是北方地区收获的开始，不论是树上结的、地里长的、水里游的、天上飞的，到了白露以后，都要开始收获了。在南方，白露也是一年里最后一茬农作物的生长时节。我们人也一样，白露以后，主要是“收”的时候，所以要补充食物，滋补体质，增强体力。但是这个时候气候的特点就是干燥，容易使人上火，如果再加上人们不能有节制地饮食，很可能使人体肺火上升，影响健康。

二、地理老师有话说

二八月，乱穿衣： 在北京地区，有“二八月，乱穿衣”的说法。所说的“二八月”是指农历的二月和八月。所以，白露正是北京农历八月份乱穿衣的时节，这也说明了北京地区的气候变化无常。温度是早上一个样，中午一个样，晚上又一个样；今天是这样，明天就是另一个样，使人们在穿衣上无所适从。在我国的最北边，到了白露节气，已经有了深秋和初冬的感觉了。如果是在我国的新疆地区，那真是像传说中的“早穿棉袄午穿纱，抱着火炉吃西瓜”了，更说明了一天中气温的变化有多大了。

三、生物老师有话说

植物的叶尖上能看到露珠了： 白露节气以后，在我国的南方，农作物照常生长。但是在我国的北方，比如北京地区，到了白露以后，只有属于晚秋的农作物还能继续生长，如秋扁豆、大白菜、胡萝卜、水稻等。这个季节的夜晚和早上，如果在北方植物的叶尖上能看到露珠，说明夜晚和早上的气温已经很低，空气中的水蒸气能够凝结成水珠了。植物的生长也会受到很大的影响。而且，白露节气以后，北方地区的农作物都会相继成熟和收获，核桃就是典型的在白露节气采摘的北方作物。所以在北京地区，白露摘核桃正当时，特别是市场上的文玩核桃，更应该在白露时节采摘。东北地区的农作物，到了白露以后，更要抓紧时间收割采摘，因为天气说冷就一下子冷起来了。到了白露以后，果实基本都成熟了，除了核桃之外，主要还有梨、苹果、石榴、枣、葡萄、无花果、栗子等，在东北地区有松子、榛子、菌类等。

第二节　劳动课

白露谚语

白露身不露，
寒露脚不露。
白露下了雨，
市上缺少米。

到了白露节气，在我们北方地区是核桃成熟的时候。核桃成熟收获的时间很短，摘早了“白”尖，核桃仁不上“油”，出油少，不容易保存，摘晚了核桃就自行脱落，从树上掉到地上了。如果掉到地上，外皮很快就会发黑，也叫“阴皮”，轻说影响核桃外皮的美观，重说核桃仁会发霉变质。所以，摘核桃也是学生可以参加的比较安全、轻松的劳动。

1. 摘核桃主要是用长杆往下打，掉下后捡起来即可。

成熟的核桃

打核桃

2. 摘下之后主要是把核桃外面的青皮剥下来，要拿着刀子剥皮，有条件的戴上手套剥，因为核桃青皮的汁弄到手上是黑色的，很难洗掉。

选核桃

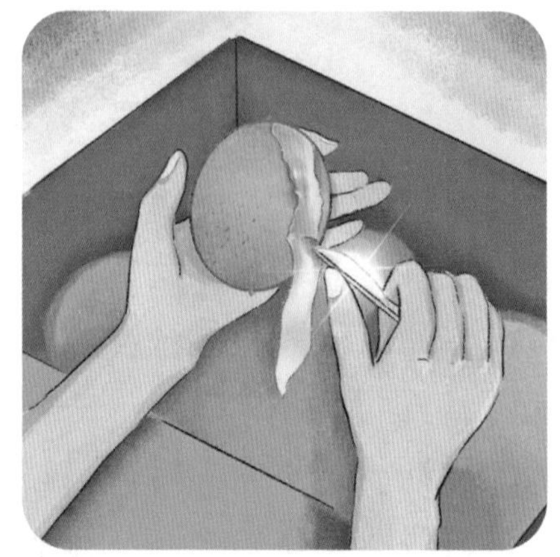
剥核桃

劳动评说

我们常见的是核桃仁或者带硬壳的核桃，通过摘核桃可以见识到未经处理的核桃是什么样的。那层绿色的外衣是核桃青皮，叫青龙衣，虽然不能吃，但也有药用价值。大家看核桃仁长得是不是很像充满沟回的大脑？而核桃的确有健脑的作用，不得不感叹大自然造物的神奇。另外，剥过核桃的同学们会发现核桃仁之间有薄薄的木片，这其实也是一味中药，叫作分心木，煮水喝可以健脾益肾。

第三节　营养课

冬瓜鸡

原料：冬瓜、小笋鸡、香菇。

调料：料酒、盐、酱油、姜、葱、花椒。

制作：

1. 选一个直径15厘米左右粗的带毛的冬瓜（根据家里的人数选择冬瓜的大小），用水冲洗冬瓜的外皮，干净即可。从冬瓜蒂的下部1～2厘米处小心切开，把冬瓜里的瓤掏净备用。

2. 小笋鸡一只，收拾干净，切成核桃块，放入盆中，放料酒、盐、少许酱油、香菇、姜、葱、花椒等腌制20分钟左右，将葱、香菇、花椒挑出。

3. 将鸡块倒入冬瓜内，把切下的蒂重新盖上，用牙签钉住。

4. 锅内放水，放屉，把冬瓜放在屉上蒸制。可根据自己的喜好，决定蒸的时间长短，一般开锅后蒸20～30分钟即可。

营养评说

这款冬瓜鸡，味道鲜美，老幼皆宜。三种食材的巧妙搭配，有祛除夏季体内残留湿毒的功效，还有很好的滋补作用且不易上火。人体对鸡肉的吸收率能够达到90%以上，所以鸡肉是比较好的滋补食材。

第十六章

秋分

公历每年

9月23日前后

太阳到达黄经180°时

为秋分

秋分秋分

昼夜平分

秋分到了，标志着我们又进入了一个新的气候——干季。这个气候的特点以干燥为主，干季的前期为暖燥，后期是冷燥，而且气温逐渐变冷。来自北方的冷空气团，已经有了一定的势力。此时，在我国长江流域及其以北的广大地区，日平均气温下降到22℃以下，全国大部分地区雨季已结束，凉风习习，秋高气爽，风和日丽，丹桂飘香。

第一节　节气课

一、健康老师有话说

润肺健脾： 到了秋分节气，在北方，由于天气开始逐渐变干冷，空气也越来越干燥，所以这个节气以后，人们会感觉到口干舌燥，肺火上升。因此，到了秋分节气后，在北方，人们应该选择含水分较大的食物来制作饮食，如梨、苹果、南瓜、冬瓜、青玉米、白薯等，而且还要经常吃些润肺的食物，如百合、银耳、木耳、莲子、藕等。在我国的南方地区，到了秋分以后，气温也会下降，空气湿度也会减小，是人们健脾养胃的时节，人们应该适当地选择牛肉、猪肉、薏米、黑米、山药等食物。

秋分时节养生粥

红枣小米粥。

秋分时节养生汤羹

银耳雪梨羹。

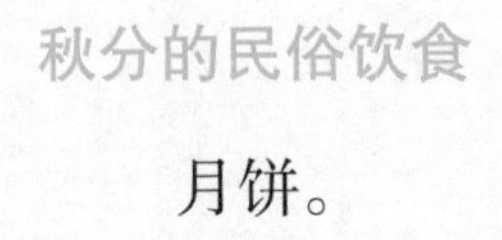

秋分的民俗饮食

月饼。

实际上，远在我国的商、周时期就已经有了月饼，那时叫“太师饼”。到了汉代，因为馅里有张骞从西域带回来的芝麻和核桃，所以叫胡饼。月饼的鼎盛期是在宋代，到了宋代才叫作月饼。在我国，月饼的种类主要有京式、苏式、广式和港式。京式月饼主要以“自来红”“自来白”为代表，是典型的五仁月饼，以咸甜口为主；苏式月饼是江苏一带的月饼，主要以甜口为主；广式月饼是广州一带的月饼，以肉类为主；港式月饼与广式月饼没有多大区别。无论哪种月饼，按制作方法主要可分为两种，一种是酥皮月饼，另一种是提浆月饼。现在又有了一种冰皮月饼，始于香港，到现在只有十多年的历史。中秋赏月、祭祀都起源于唐初年。吃月饼是全家团圆的象征，最好就着粥或茶水吃。

调整睡眠的理想时机：秋分时节，随着秋燥愈加明显，加上万物的萧瑟凋零，人就容易出现失眠或睡眠质量下降的情况。而此时如果不保证好睡眠质量，就会影响气血的“收养”，所以在日常生活中要保证睡眠时间。饮食上要多选一些有助睡眠的食物，如馒头、奶制品、面包、香蕉等。

二、地理老师有话说

北方秋高气爽，南方风和日丽：在我国，到了秋分节气，秋天就过了一半了。在我国的北方，已经完全感觉到天凉了；即使是南方，暑热也已经退去了。我们广大的北方地区经过热、闷热、燥热天气，已经进入冷燥，冷空气开始频繁光临。在我国的大多数地区，雨季也先后结束。此时我国北方秋高气爽，南方风和日丽，所以秋分是我国气候最好的时节。无论在南方还是北方，都是人们出行旅游的最佳时候。

三、生物老师有话说

动物留种，准备过冬：动物方面，在北方，到了秋分节气后，开始把种猪、种羊、种牛、种兔等留下来，而把剩余的家畜尽快催肥，再进行宰杀，这样做是为了减少冬天家畜对粮食的需要。在过去，到了冬天，北方人是只保住“种动物”的数量，为的是第二年好繁殖，其余的用来食用。而在南方，一般没有这种情况，因为在我国的广大南方，家畜主要是猪，牛是以水牛为主，水牛是干活的，而在南方很少有养羊的。在我国，无论北方还是南方，都是不宰杀马的。到了秋分节气后，禽类可以宰杀，但宰杀的数量还是比较少的，这是因为此时禽类的毛不好处理，不容易拔干净，而且有时皮里也会含着毛根，会影响烹饪和食用。

第二节　劳动课

在我们北方地区，秋分节气是收谷子的时候。这里说的谷子指的是小米。小米是北方的主要农作物之一。

在过去，小米作为交换货物的计量单位，是交换价值的一种体现。某件东西值多少小米或等于多少小米；外出打工、用工也是按照小米来计算工钱，某个人一天能挣多少小米（多少升小米），一个月能挣多少小米（多少升小米）。

秋分谚语

秋分日晴，
万物不生。
秋分天晴必久旱。

学生收谷子是用镰刀割，割谷子的根部。在北方，一般不叫割谷子，而是叫“牵谷子”。谷子收回来后要经过晾晒、脱粒。谷子是现吃现碾成米，只要不碾成米，谷子可以储存很长时间。所以，在民间有“陈谷子、烂芝麻”的俗语。意思是说，谷子不怕“陈”，可是一旦碾成米，就很容易失去味道和口感。

谷子也是民间传统的养生食材。过去妇女生小孩、坐月子主要就是吃小米（谷子），如今也是健康养生最好的食材之一。

收割

脱粒

丰收

劳动评说

使用镰刀时注意不要划伤自己的手和腿，要掌握正确的方法。谷子充当货币，在三国时期就曾有过，可见其在老百姓生活中的不可或缺。谷子古称粟，宋以前一直是中国北方民众的主食之一。五谷养五脏，粟对应脾胃，因此，常喝小米粥可健脾益胃。

第三节　营养课

蛋黄酥

原料： 面粉、咸鸭蛋、黄油。

面皮： 水油面（面粉 500 克，黄油 150 克，水 300 克）、油面（面粉 500 克，黄油 250 克），水油面与油面的比例是 2 ∶ 1。

制作：

1. 和面：把水油面、油面和好。

2. 做剂子：先把水油面放在面板上擀成 10 毫米厚的片，再把油面放在上面擀平，擀均匀，然后像叠棉被一样叠起来，再擀成 3 ～ 5 毫米的片，把片卷起来拉长，拉均匀，切剂子。剂子每个 40 克左右，压扁做窝。

3. 做好窝后，把鸭蛋黄取出放入窝里包好（用取蛋黄器），放在烤盘上。

4. 烤箱预热 200℃，放入烤盘，随时观察颜色，稍变黄即可，从烤箱内取出。

营养评说

蛋黄酥是我国传统糕点中的一款点心，深受大家的喜爱。近年来，随着所用食材的改良创新，蛋黄酥还成了当下网红食品。蛋黄酥的美味主要来自这颗咸蛋黄，咸蛋黄不仅好吃，更富含卵磷脂与不饱和脂肪酸、多种氨基酸和脂溶性维生素 A、维生素 E 等人体需要的营养素。可缓解饥饿，改善心情，补充营养，增进食欲。蛋黄酥的美味虽然难以抗拒，但正在减脂减重的人群还是要有所克制的。

第十七章

寒露

公历每年

10月8日或9日

太阳到达黄经195°时

为寒露

寒露寒露

遍地冷露

到了寒露，天气更凉了，正是“寒露百草枯”的时候，尤其是在早晚。此时我国大部分地区日平均气温多已降到20℃以下。南方开始享受凉爽的秋风，北方最低气温已达到0℃以下。

寒露是干季的第二个节气，正值秋高气爽，是户外游玩的大好时候。但此时的燥邪开始活跃了，而且当气温低于15℃时，上呼吸道的抗病能力就会下降，再加上秋燥之气明显，多数人会出现皮肤干裂起屑、口唇干燥、咽干喉疼等症状。尤其是从事与讲话有关工作的人群更明显，所以外出游玩时一定要做好防御病毒的功课。另外，由于天气渐渐寒冷，人体血管也开始收缩，因此，应注意预防心血管病，如冠心病、高血压、心肌炎等病的复发。

第一节　节气课

一、健康老师有话说

食物多选甘润、滋阴、养肺之品：到了寒露节气以后，在北方，由于天气一天比一天冷，人们身体热能的消耗也是一天比一天多。所以到了寒露以后，北方地区的人们应该适当地增加饭量，在保证一定量蔬菜、水果的情况下，添加一些温性的食物，如鸡肉，适当地增加热性的食物，如羊肉，但也不能忽视粮食类的食物。还可以选择一些含胶原蛋白比较多的食物，如猪皮、鱼类等，防止皮肤干裂。

寒露时节，日常饮食应多选甘润、滋阴、养肺之品，如梨、蜂蜜、甘蔗、百合、沙参、麦冬、荸荠、菠萝、香蕉、萝卜等含水分较多的甘润食物。值得注意的是，进入秋季，气候宜人，睡眠充足，此时的身体为了迎接冬天的到来，会积极主动地储存御寒的脂肪，人体会在不知不觉中长胖。所以要注意饮食调节，适量食用一些有消脂减肥功能的食物，如山楂、萝卜、薏米、红小豆、冬瓜等。

寒露时节养生粥

南瓜小米百合粥。

寒露时节养生茶

菊花茶（可配百合、胖大海、冰糖），老北京进入中秋时节，餐桌上的点心、甜食、肉类开始增多，人们开始饮茶。

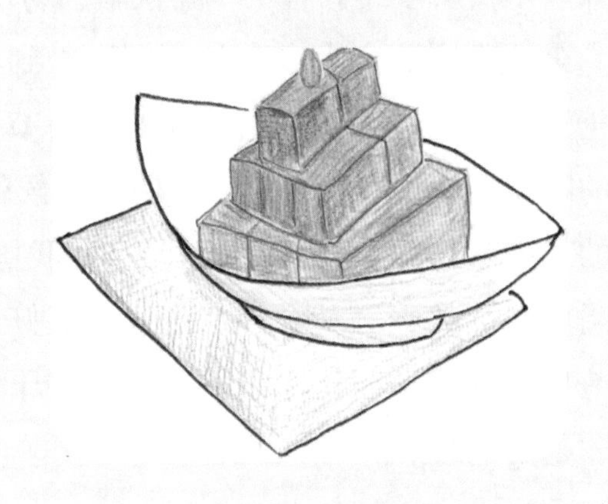

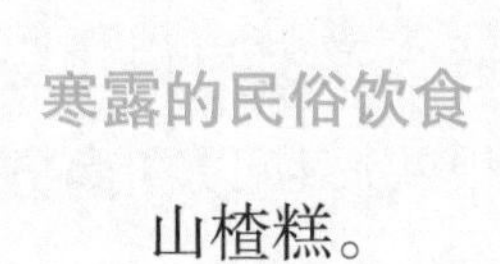

寒露的民俗饮食

山楂糕。

前不露胸，后不露背，下不露脚：到了寒露以后，健体养生很重要。“寒露寒露防三露”，也就是说，到了寒露节气以后，人们要防“三露”：“前不露胸，后不露背，下不露脚。”这也是老北京人的一句名言，也就是告诉我们，到了寒露以后，就再也不能敞胸露肚，光着膀子，光脚穿凉鞋了。现在我们身边有不少青年，甚至是青少年，为了追求所谓的“美”和“时尚”，穿的衣服实在是太短了，真是“上露前胸后背，中露肚脐，下露脚到大腿”，这样的人到了中老年时可能会“落下”一身病。特别是年轻姑娘，长时间的“三露”，易引发痛经等症状。到了寒露以后，应该做到“三护”，即护头、护肚子（肚脐）、护脚。寒露的这种养生方法，主要目的是预防冬季的咳嗽、胃寒，也可预防关节炎和心血管疾病。

二、地理老师有话说

一场秋雨一场寒，十场秋雨就穿棉：寒露节气，是在每年阳历的十月上旬。到了这个时候，在我国的北方，无论东北地区、西北地区还是华北地区，天气都是比较冷的。特别是在东北地区和西北的高寒地区，这个时节已经冷得很难熬了。到了寒露节气，北京的秋天马上就会结束，真正的寒冷即将来临。而高寒地区已经开始有降雪了，所以北方有“一场秋雨一场寒，十场秋雨就穿棉”的谚语。

而我国的广大南方就不同了，到了寒露节气，凉爽的天气才真正开始，正是人们外出活动的好时节，也正是北方的人们来此旅游的时节。所以寒露节气才是南方气候的“天堂”，是人们享受大自然的“天堂”，更是人间的乐园。在我国的南方地区，到了寒露节气，阴雨绵绵的天气就会越来越少，正好适合家家户户建房，在这个时节里建的房子要比在别的季节建的干得快。所以在南方，寒露节气才是黄金时节。

三、生物老师有话说

一方水土养一方人：到了寒露节气，在我国的北方地区，已经是百草枯萎的时候了。如果在高寒地区，早已不见时令植物。北京地区，地里的农作物也是少之又少，即使是最后一茬的秋作物，如水稻、玉米、高粱，也到了收割的时候。水果也只有柿子、山楂还能在树上看见，其他如葡萄、苹果、梨、枣等北方的应季水果，也已相继地采摘完了。蔬菜类的植物，在室外种植的也就剩下大白菜、萝卜、雪里蕻、苤蓝等了。如果是在过去，到了寒露节气以后，北方人的餐桌上会越来越简单。在动物类食物方面，北方地区选择禽类和蛋类会更好。春天孵化出来的小鸡、小鸭、小鹅等都已经长到成年，离生蛋的时候不会太远，老的鸡、鸭、鹅也到了每年的第二个产蛋旺季。水产类到了大量上市的时候，鱼类也到了“解禁”的时候，可以捕捞了。

在南方地区，寒露节气是地里生的、水里游的、天上飞的等各种食物丰收的时候。树上的香蕉、橘子、橙子、柚子、槟榔等应有尽有。蔬菜品种也极为丰富。最丰富的应属水产品了，我国的南方地区一直是我国最主要的农作物产区，也是水产品的主要来源地，特别是现在交通高度发达，为南方的农作物、水产品的外运提供了保障。

在我国几千年的饮食历史中，一直提倡“一方水土养一方人”。由于现代社会的发展，这一饮食规律、养生之道早已经被打破了，人们的观念也已经被改变。

第二节　劳动课

水稻是我国最高产的农作物，在广大的北方地区，到了寒露节气就到了收割水稻的时候了。

我们都知道，南方是我国的主要产粮区，因此，才有了京杭大运河。大运河最主要的用途就是把南方的粮食运到北方来，特别是要供养京城的守军。

在过去，收完水稻以后，先要脱粒，之后要把脱下来的稻谷收藏起来，再把水稻的秸秆（也叫稻草）利用起来。

1. 搓草绳子。最早是用手搓，很是费力、磨手，后来用机器搓。

2. 用稻草打草垫子。过去家庭用的床，被称为铺或炕，为了保暖、柔软，都是在褥子底下铺草垫子。因为那时许多家庭没有条件买棉褥子，只能用草垫子代替。

> **寒露谚语**
>
> 寒露十月已深秋，
> 田里种麦要当心。
> 豆子寒露使镰钩，
> 地瓜待到霜降收。

3. 用稻草编筐。编出来的筐既实用又好看，家庭条件比较好的还在稻草编的筐或箱子的里外缝上布。用稻草编的筐或箱子除了装东西，还能放食物，在天冷的时候能够起到保温的作用。

编草帘子　　打草绳　　编草筐

劳动评说

秸秆是成熟农作物茎叶（穗）部分的总称，通常指小麦、水稻、玉米和其他农作物（通常为粗粮）在收获籽实后的剩余部分。过去秸秆都是在田间就地焚烧，自2015年秸秆禁烧相关法规的实施，为保护大气环境，国家提倡农作物秸秆燃料化、肥料化、产业化利用，以实现秸秆由废品向商品的转变。秸秆浑身都是宝，产业化利用带来的收益也使水稻秸秆成了“香饽饽”。除此之外，稻草还是一味中药，具有宽中下气、消食解毒之功效。

第三节　营养课

芝麻柿子酥

原料：面粉、白芝麻、柿子、红豆沙馅、油。

面皮：水油面（用柿子肉代替水，面粉500克，油150克，柿子去蒂、去皮、去核300～350克）、油面（面粉500克，油250克），制作时水油面与油面的比例是2∶1。

制作：

1. 和面：把水油面、油面和好。

2. 做剂子：先把水油面放在面板上擀成10毫米厚的片，再把油面放在上面擀平、擀均匀，然后像叠棉被一样叠起来，再擀成3～5毫米的片，把片卷起来拉长，拉均匀，切剂子，每个剂子40克左右，压扁。

3. 在生坯上刷蛋液，撒上白芝麻，放在烤盘上。

4. 烤箱预热200℃，放入烤盘，随时观察颜色，稍变黄即可，从烤箱内取出。

营养评说

用柿子做美食，美味又营养。这是因为柿子营养丰富，被誉为“果中圣品”。柿子富含果胶，这种水溶性膳食纤维，可以调节肠道菌群，起到润肠通便的作用。柿子具有的多酚类物质，可以抗氧化，预防心脑血管等疾病。还有研究证实，柿果维生素C含量是苹果的10倍，食用柿果比食用苹果对心脏更为有益。

柿子还是药食同源食材。中医学认为新鲜柿子有凉血止血作用；柿霜润肺，可用于咽干、口舌生疮等；柿蒂可降逆止呕；柿饼有和胃止血的功效；柿叶有降压、利水、消炎的作用。柿子全身都是宝，但注意不要空腹食用。

第十八章

霜降

公历每年

10月23日前后

太阳到达黄经210°时

为霜降

到了霜降

日落就暗

一到霜降，天气更凉了，我国北方地区已出现降霜或开始有霜，南方大部分地区平均气温仍然保持在16℃左右。俗话说：“霜降一过百草枯。”秋天凋零的气氛会让人黯然神伤，其实换一种心态看看，这只是大自然换了一个妆，虽然已不再像夏天那样繁花似锦，但“霜叶红于二月花”，此时漫山遍野的红叶比花儿还娇艳呢！在我国北方地区，正是外出登山赏红叶的时节。

第一节　节气课

一、健康老师有话说

秋扁豆含的皂素、红细胞凝集素要比夏季的扁豆高很多：到了霜降节气，人们的饮食变化也很大。在过去的霜降时节，南方的家庭餐桌上食物品种是越来越丰富；北方的家庭餐桌上的食物品种是越来越简单。老北京地区到了霜降节气，除了白菜、萝卜、土豆以外，时令的蔬菜有时会有点“霜打了”的茄子和“猫耳朵”扁豆。老北京人的蔬菜品种本来就是很少的，到了每年的霜降节气以后就会更少。像现在的丝瓜、空心菜、芥蓝等，在过去老北京人是不吃的，所以老北京人能吃的蔬菜很少。老北京人到了秋季，特别是到了深秋，对秋扁豆的食用也是很小心的，怕中毒。现在我们知道，秋扁豆含的皂素、红细胞凝集素要比夏季的扁豆高很多。还有就是老北京人对食用蘑菇也是很谨慎的，对于鱼类产品，也只是购买常见的几种。霜降节气的北京已是深秋时节，人们远离生冷食物，开始进食温热食物。

霜降的运动方案

爬山，跑步。

霜降时节养生粥

大米、芡实、小米、红枣、莲子。

霜降时节养生汤羹

芡实牛肉汤。

霜降的民俗饮食

山梨面糕。

适量运动，保持健康平和的心态：到了霜降节气，调整自己的身体也很重要，因为霜降是深秋最后的一个节气，与立冬紧邻，正处在两个季节相交的时候，在北方地区也是食物种类转换的时候。虽然在北方有“春捂秋冻”的说法，但是到了霜降节气，北方的冷空气很是袭人的，特别是对老人、小孩和患慢性病的人危害很大。天气由凉转寒，由湿转干转燥。因此，这个季节也是肠胃疾病的高发期，特别是胃溃疡和十二指肠溃疡。此外，患关节炎等疾病的人也是很受罪的。人的健康是受很多因素影响的，主要与饮食、心理、运动有关。今天，物质丰富了，人们要珍惜来之不易的好生活，合理安排自己的饮食，适量地运动，保持健康平和的心态。

二、地理老师有话说

北方季节交汇的两重天：霜降是冬天到来前，秋季的最后一个节气，此时我国的北方地区温度下降得很快，室内的温度也很低了，霜降一过，离立冬就不远了。所以在北方地区，霜降节气是深秋最冷的时期。如果是在东北地区，就已经结冰了。到了霜降，也就到了北方最后的秋游时期了。过了霜降，大部分的北方人就会选择去南方旅游，因为这个时节是南方地区气候最好的时候，一般地区的温度在16℃左右，不冷不热，而且湿度也会减少一些，人会感到更加舒适。霜降节气是北方季节交汇的两重天，霜降前与霜降后的天气大不一样，在北方的民间有"未曾立冬先立冬"的说法，所以霜降节气就相当于北方地区在真正的立冬节气到来之前的一个"小立冬"。

三、生物老师有话说

东南西北广大地区收获的季节：北方地区的禽类，到了霜降节气，也都换完毛，开始准备过冬了，在早春孵化出来的鸡已经可以产蛋。像猪、羊这样的家畜，最小的也已经长到半大，能够抵抗0℃左右的低温。霜降节气，也是广大北方地区晾晒干菜的最佳时期，因为这个时候天干，天冷，蔬菜含水量低，不容易烂，还干得快，干菜收藏起来也不容易发霉。在我国的南方，到了霜降节气，正是粮、果、菜、鱼等丰收的时节。所以霜降节气是我国东南西北广大地区收获的时节。过去，如果是丰年，这个节气是人们心情最好的时候，西北人的山（民）歌，东北人的二人转，南方人的早茶，北京人的提笼架鸟"侃大山"，都能体现出霜降节气人们的生活气象。

第二节　劳动课

在北方，到了霜降节气就到了腌咸菜的时候了。北方地区主要是腌芥菜疙瘩和雪里蕻，腌这两种咸菜最省事，也最适合初中生劳作。

霜降谚语

霜降露凝霜，树叶飘地层，
蛰虫归屋去，准备过一冬。
霜降不摘柿，硬柿变软柿。
寒露早，立冬迟，
霜降收薯正适宜。

腌制芥菜疙瘩：

1. 先把买回来的芥菜放在通风处晾到皮蔫。

2. 皮蔫后开始清洗，清洗干净后必须控干水分，不能带有生水。

3. 把准备好的坛子清洗干净，不能有油，要用开水冲洗晾干。

4. 用锅熬汤。锅里放入足够量的水，再放入大盐和少许花椒。菜与盐的比例一般是 4∶1 或 5∶1。

5. 汤煮开至大盐溶化，关火晾凉，晾透。

6. 把要腌制的芥菜疙瘩放到坛子里，倒进放凉后的汤，一定要没过芥菜疙瘩，在芥菜疙瘩上面压块干净的石头就可以了。腌制一天以后要倒到另外一个坛子里，以后要隔一段时间倒一次。

腌雪里蕻也是一样。不同的是，在腌制过程中要经常搓揉雪里蕻。可以用腌芥菜疙瘩的方法腌制，也可以不用熬汤。把买回来的菜晒晒，洗净，控干，把准备好的坛子清洗干净，坛子底下放大盐，再放一层雪里蕻，在雪里蕻上再放大盐和少许花椒，以此类推，但要每天倒坛，防止被捂了，雪里蕻捂了容易烂或变黄。

无论腌制什么菜，都要时间长，腌制时间短，亚硝酸盐含量会很高。

煮汤　　　　　　　　　　腌制

劳动评说

蔬菜腌制是一种历史悠久的蔬菜加工方法，由于简单，成本低，易保存，又具有独特的色、香、味，为其他加工品所不能代替。但长期大量吃腌菜，会因维生素C缺乏，引发各种疾病。同时腌制蔬菜，须大量放盐，导致钠摄入过量，造成肾脏负担和高血压患病风险，黏膜组织也易溃疡和发炎。亚硝酸盐遇到蛋白质分解产物胺类化合物时，会生成一种致癌物质亚硝胺。因而常吃腌制类食品对身体不利，有诱发癌症的风险。建议腌制蔬菜，盐含量在20%左右，腌制时间在20天以后再食用，摄入的亚硝酸盐会更少，对健康的危害也就更小。

第三节　营养课

焖酥鱼

原料：鲫鱼、大白菜帮子、植物油、花椒、大料、醋、酱油、盐、葱、蒜。

制作：

1. 选择的鲫鱼一般都很小，大多在五厘米左右。先将小鲫鱼收拾干净，把鱼的头尾全都留下来的，把鱼头里的鳃掏出去。

2. 将收拾干净的小鲫鱼放在硬瓷盆里，倒入醋，放花椒腌制数小时。

3. 将砂锅底放一层大白菜帮子，备用。

4. 铁锅烧热，倒入油，放花椒、大料，煸香之后放入控干的鲫鱼，倒入适量的醋、酱油、盐、葱、蒜和水。

5. 等开锅后，倒入砂锅，小火慢炖。

6. 关火后把砂锅仍放在灶上，用砂锅和灶的余温焖制。经过一夜之后，砂锅内的汤没有了，鱼也焖好了。吃的时候连鱼刺都是酥的，但是不能往外盛，因为鱼太酥了，一动就碎。焖酥鱼最关键的就是防止煳锅。

营养评说

鲫为中国重要食用鱼类之一，肉质细嫩，味道鲜美，营养价值很高，富含蛋白质、钙、磷、铁、维生素 B_1、维生素 B_2、尼克酸等营养成分。在秋冬季节，鲫肉肥籽多，尤为鲜美。中医认为，其味甘，性温，能利水消肿，益气健脾。现代医学研究表明，鲫鱼能防治动脉硬化、高血压和冠心病，并有降低胆固醇的作用。

第十九章

立冬

公历每年

11月7日前后

当太阳到达黄经225°时

为立冬

冬宜封藏　耗过易伤

存精蓄气　祛疾利本

风似刮骨　温则护体

立冬是干季的最后一个节气，是干季向寒季转换的过程，气候学上冬季开始的标志是连续 5 日平均气温降到 10℃以下，这时人们会感到天气很冷了，燥感也明显加重了。人在这个时候很容易生病，尤其有晨练习惯的老人和体质较弱的人群，应该等太阳出来，气温稳定后再外出运动。立冬过后天气转冷，空气湿度小并常伴有大风天气，会引起皮肤干燥瘙痒，粗糙脱屑，甚至皲裂。所以日常起居要做好两手准备，第一注意防寒保暖，第二加强滋阴润燥。

第一节　节气课

一、健康老师有话说

多喝水，多吃汤类食物：到了立冬以后，北方的人们应该多喝水，多吃汤类食物，可以选择一些动物类的食物以增加自己的热量（能量），要合理搭配膳食，保证一定量的蔬菜和水果，添加豆制品和奶制品，要适量地吃富含维生素 C、维生素 A 和 B 族维生素的食物，特别是早餐一定要吃饱、吃好。晚上要吃一些容易消化的食物，因为天冷，晚上人们不愿意去室外运动，所以晚饭不宜多吃。在南方，到了立冬以后，人们只要合理安排自己的一日三餐就可以了。因为我国的南方人喜欢喝汤，所以在立冬以后是很受用的，是一个非常好的饮食习惯。

立冬时节养生粥

首乌双红粥（制何首乌、红枣、红糖、大米）。

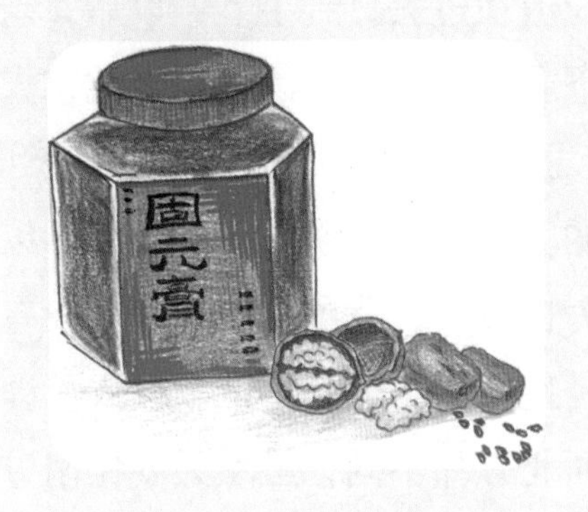

立冬时节养生膏方

固元膏。

立冬的民俗饮食

醋熘白菜。

防身体超重或肥胖：到了立冬以后，人们的运动受到限制，而食欲又很旺盛，所以在这个时节，北方人往往会“进食大于消耗”。因此，立冬是造成身体超重或肥胖的时节。所以，人们应该合理饮食，平衡体质，还要保证运动的时间和运动量。立冬以后，也是我国流感的高发季节，而且是不分南北的，所以应该提前预防，病后积极治疗，特别是老年人和婴幼儿，更要多加注意，有慢性病的人也要小心调护。

二、地理老师有话说

未曾立冬先立冬：在每年的十一月上旬，我们迎来立冬节气。在北京地区一直有“未曾立冬先立冬”的说法，意思是说在立冬之前的一段日子里，北京地区就已经冷了，到了立冬以后天气就会更冷了。在北方地区，到了立冬以后，刮风的天气是很多的，而且刮大风的天气也不少。北方地区到了立冬以后，就完全进入了冰雪的季节。虽然现在北京地区下雪的天气已经很少了，但在过去，到了立冬以后，老北京地区下雪的天气是很多的，而且下雪后非常冷。因此，老北京人有句老话叫作“风后暖，雪后寒”，意思是说在冬天刮完风后会暖和点，但是如果下了雪那么一定是很冷的。如果是在南方，到了立冬以后，人们的日子要比北方人难过，因为在过去，我国的南方地区没有火炕，住户家里没有供暖的设施，但是室内的温度却很低。白天，即便是在中午，室内也不如外面暖和。而北方却不同，虽然天气比南方要冷很多，可是室内有供暖设施。这就是我们南北方的差异。

三、生物老师有话说

世间万物都是各有各的生存方式：在我国北方，特别是北京地区，在立冬前必须要把最后一茬的农作物——大白菜给砍下来，晾晒好后，入窖收好，不然一冻就全完了，一个冬天就没有带叶的菜吃了。在过去，家家户户到了冬天就全指着大白菜了，所以大白菜被称为“看家”菜。北方地区，在砍、收大白菜以前，早已把地里的土豆、萝卜、葱头、大蒜、大葱等收完储存好了，辣椒会用线穿成串挂在门框上或是墙上，需要腌制的咸菜也已经腌上了，打下的粮食该磨的磨了，该留种子的也留好了。多余的鸡、猪、羊，该留着过年的留出来，剩下的该卖就卖了。忙活了一年，到了立冬也就算结束了。老北京人有句话，叫作“别等狗吐舌头鸡跷脚”，因为狗没有汗腺，到了热天只能靠舌头排出体内的热，所以在热天狗就会吐舌头；而在冬天寒冷的时候，鸡会把两只爪子轮换着跷起来，贴在胸部取暖，因为鸡的爪子上是不长毛的，所以怕冷，在冷的时候只能用胸毛取暖。这句话意思是说，干活时别等到天气极热或极冷时。在我国的南方，立冬以后，气候对动物的影响不是很大，但不时到来的冷空气（从北方南下的冷空气）对有些植物还是有一定危害的，甚至是有很大危害的，特别是像香蕉这样的植物，一旦遇到极端的冷空气就会成片地死亡。

第二节　劳动课

到了立冬节气，北方地区就要收大白菜了，民间有“立冬不砍菜，必定要受害”的俗语。这也就是说到了立冬，必须要把农田里的大白菜砍下来，如果天气好，学生可以先把大白菜堆成堆儿，一颗挨着一颗地立着转圈码放好，这样经过几天后，把表面的湿水去掉，就容易保存了。如果天气不好，就要把大白菜放到栅子里，如果天气很冷，就要用棉被盖上，有阳光时再打开晾晒。

> **立冬谚语**
>
> 立冬打雷要反春。
> 雷打冬，十个牛栏九个空。
> 立冬那天冷，一年冷气多。

大白菜的水湿去掉后可放入菜窖内存起来。

1. 好的大白菜码放到菜窖里，在窖的下面放上木板，在木板上码放大白菜。行与行之间要有距离，保证空气流通。天气好时，每天要打开天窗通风。

2. 不太好的大白菜可以积酸菜用。

3. 特别小的白菜，老北京叫娃娃菜，意思是说像小孩一样没长大。这种菜可以晒干，留着来年春天没有菜的时候当干菜吃。

收菜

晾菜

冬储大白菜

劳动评说

过去很多家庭冬天都把蔬菜储存在菜窖里，但下菜窖前要充分通风，因为植物的呼吸作用会释放二氧化碳，其密度大于空气，故会沉积在菜窖下部而大量聚集，如果人直接进入就会缺氧，感到头晕胸闷，甚至窒息昏迷。通风之后可以将点燃的蜡烛带到菜窖中，若烛火熄灭说明氧气不足，还要继续通风。如果蜡烛可以正常燃烧，将其熄灭后改用电子设备照明，以免燃烧消耗氧气。如果在菜窖中出现缺氧症状，要立即转移至通风处，严重者联系医护人员进行救助。

第三节　营养课

五色饺子

原料：面粉、大白菜、肉馅、葱、酱油、香油、盐、紫甘蓝、柠檬汁、碱面、小苏打。和饺子面的比例是面粉 500 克，水 270 克左右。

制作：

1. 紫甘蓝切碎加水榨汁，把榨出来的汁分成 4 份：第 1 份是原汁，即紫色；第 2 份加入少许小苏打即呈绿色；第 3 份加入碱即成蓝色；第 4 份加入柠檬汁即成粉色。

2. 用水和面即成白色。

3. 把面分别和好后，切剂子，擀皮。

4. 把大白菜叶洗净，控干水分，切丝剁碎，用纱布包起来攥掉水分。

5. 调肉馅：肉馅放入酱油、香油，适量盐、五香粉。

6. 肉馅1份，白菜2份，放在一起搅拌均匀，上面撒上葱末，随包随拌，包好即可。

营养评说

在制作饺子皮的白色面粉中，添加不同颜色的蔬菜汁或水果汁，使饺子显现出五颜六色的鲜艳色彩，真得很棒。如加了菠菜汁的绿色饺子，加了紫甘蓝汁的紫色饺子，加了番茄汁的红色饺子等。不仅使饺子非常好看，还增加了蔬果的营养。下水一煮，颜色不仅不掉，反而更鲜艳漂亮。

不少儿童有挑食偏食的不良习惯，不爱吃蔬菜是最常见的问题，家长很苦恼，因为不爱吃蔬菜的孩子更容易体弱多病。如果我们用各种蔬菜汁和面，包彩色饺子，孩子会很喜欢吃，同时也能摄入一些蔬菜中的营养。

第二十章

小雪

公历每年

11 月 22 日前后

太阳到达黄经 240° 时

为小雪

小雪不收菜

必定要受害

小雪节气前后，黄河以北地区已呈现出“北风吹，雪花飘”的冬季景象，但往往雪量不太大，所以叫“小雪”。小雪代表着寒季的开始，此时已算得上是真正意义上的冬天了。零星的飘雪，缓解了大地上的干燥之气，人们的口腔、鼻腔也会舒服一些。

小雪是寒季的第一个节气，随着天气逐渐寒冷，人体易患呼吸道疾病，如上呼吸道感染、支气管炎、肺炎等，特别是小儿，衣着不慎很容易引起感冒和支气管炎。所以要注意保暖，坚持“薄衣法”慢慢加衣，以穿衣不出汗为度。适当减少户外活动，避免阳气的消耗。

第一节　节气课

一、健康老师有话说

吃粥最养人：小雪节气正是我们养生的好时候，是不分南北的。南方人可以煲各种食材的汤。煲汤是很养人的，也不会使人发胖，像鱼汤、菌汤、鸡汤、药膳汤等，都是很好的补品，适应人群也广，可以调理各种体质的人。在北方，到了小雪节气，吃粥是最能养人的，如红小豆粥、小米粥、大米粥、二米粥（大米、小米）、棒碴粥、白薯粥、菜粥等，这些都是老北京人常喝的粥，现在又有了紫米粥、黑米粥、皮蛋粥、肉末粥、八宝粥、杂米粥等。冬天喝粥也比较暖和，但是血糖高的人要慎食。北京的老人，通常在这个时节，早晨起来，洗漱完了以后，坐在离炉火不远的八仙桌旁沏上一壶茶，就着点心吃早餐。有文化的老人，戴上老花镜，手里还会拿张报纸，边看边吃，那叫一个惬意，孙辈们在屋里跑来跑去，这就是老北京人的天伦之乐啊！

小雪时节养生粥

姜汁白萝卜干贝粥。

小雪时节养生汤羹

菠菜鸡蛋羹。

小雪的民俗饮食

爆肚。

二、地理老师有话说

天气以冷、干燥为主：到了小雪节气以后，我国的天气是以干冷、干燥为主的。在我国的广大地域，无论南方还是北方，天气都已经很冷了，高寒地区更是冷得可怕。在我国的北方地区，到了小雪节气，雪花会不时地“光顾”，但雪量一般不是很大。可是风不少，也不小，天气一天比一天冷。北京山区的河水完全结冰了，平原的河流也渐渐结冰。

三、生物老师有话说

修剪果树：到了小雪节气以后，北方地区，除了常青树外，其他树上只剩下树枝了，果树也早已修剪完了。在北方地区，每年果子采摘完后都是要修剪果树的。修剪果树是很有技术含量的，首先要剪掉不好的老枝，大多数的果树都是雌雄树枝长在同一棵树上，所以在剪枝的时候，要按雌雄的比例合理留下树枝，这样才能保障第二年结果的数量。在剪去树枝的部位（伤口处）要刷上油漆或胶，防止剪口或锯口被风吹了，使树的水分流失。在剪枝时，不能贴着根剪，要留出 1 ～ 2 厘米，这样做的好处是等树长粗时，树皮就能把伤口包上，下雨时，雨就流不进去，树就不会腐烂。修剪后，还要用木棍把长得密的枝条支开了定形，为了第二年树叶长出来开花结果后能够通风。如果通风不好，果树就会只往高长，不结果，按果农的说法就是“长疯”了，所以还要剪尖。在北方的高寒地区，果树的枝干还得用草绳子缠上防冻，而在南方修剪果树时则简单得多，只要把多余的枝条剪去，剪短就行了。

下雪的多少，决定冬小麦产量：在北方，到了小雪节气，农民就盼着老天爷下雪，特别是头几次下的雪是越早越好，越多越好，这样就能使冬小麦的表面盖上一层雪，雪能够起到保温、防止干燥的作用，有利于“开春后”冬小麦的返青和生长。所以，冬天下雪的多少，也是决定冬小麦产量的主要因素，如果冬天少雪或者无雪，冬小麦就会受到伤害，甚至成片死亡，就一定会影响到小麦的收成。

四、化学老师有话说

“积”酸菜的方法：给大家介绍一个老北京人“积”酸菜的方法。老北京人“积”酸菜是把立冬时买回来的成堆白菜里面不太好的菜，清洗干净，必须要将水完全晾干了，白菜绝对不能有生水。把锅里的水烧开，把白菜切成两半，放进开水锅里煮一下，水开后 1 ～ 2 分钟，捞出，放进干净的瓦盆里，浇上大米汤，晾凉后再盖上盖，几天后就可食用。现在人们的健康意识提高了，所以“积”的酸菜要多放些天，至少要在 20 天后再食用，减少亚硝酸盐的含量。

五、道德老师有话说

眼瞎心也瞎：过去，在我国，每年小雪节气后，都是宰杀动物的时候，特别是在我国的关（山海关）外、口（张家口）外，都会有大批的牧民在宰杀牛羊，山林里的猎户也会开始打猎。牧民们主要是为了卖牛羊肉和牛羊皮，猎户主要是为了卖兽皮。在这里我讲一个专收牛羊皮的皮货商店老板的故事。

清末民初时，口外有一条比较繁华的街道，街道两旁有很多大大小小的旅店，每到每年的小雪节气前，就会有很多商人来到这里，一住就是一个冬季，商人主要是来收购牛羊肉和皮货的。在过去，宰杀牛羊，特别是羊，都是在每年的小雪以后开始的，因为这时候的羊皮毛最好，长毛下有很厚的绒，如果宰杀的时间早，毛长得短，绒不够厚；如果宰杀晚了，毛长得太长，长毛底下的绒也长长了，就没有绒了。在过去，羊皮套筒大致分三种：一是大“麦穗”，二是小“麦穗”，三是羔羊皮。人们根据年龄段、喜好和性别来选择，也和职业有关。在过去，穿皮衣也是身份的象征。一位皮货商每年都固定地来到一家旅店食宿，一住就是一个冬天，一来二去就跟店老板混熟了，口外的温度很低，比内地要冷很多，于是在闲暇的时候，店老板和皮货商经常在晚上喝酒聊天。

一晃十几年过去了。有一次，在两人喝酒聊天时，店老板对皮货商说：“老哥经常来收皮货，看到有好的羊皮时，也给我弄一个来，钱多少我照给。”皮货商满口应承了下来，并且说：“咱们老哥俩还说什么钱，碰到有好的羊皮套筒，我送你一个就是了。”后来又过去了几年，店老板追问过几次，但皮货商每次都回答说：“我想着呢！”又过了几年，皮货商从口外收皮货回来，送给店老板一个羊皮套筒。店老板打开羊皮套筒，很是失望。盼了多年的东西，竟然又脏又碎（用多块皮子拼成），颜色也不一致，一块白一块黑的。店老板很是生气，于是就把羊皮套筒扔到屋子角落里了。

过了几天，皮货商又去口外收货了，回来后一看，自己以前住的房间住上了人，一问店老板，原来是把自己的东西放到另一个下等的客房了，但皮货商还是住下了。可是之后一连几天发生的事，让皮货商很是难忍，今天吃饭缺筷子，明天睡觉短枕头，饭菜也不如以前了，一天比一天差，而且还很贵。再后来，皮货商就退掉了房子，搬到街对面的旅店去了。

因为皮货商是这里的常客，所以整条街的店主都认识他。对面旅店的老板见到皮货商改换到自己家的店里来住，很是惊讶。于是去问那家店老板。店老板就把事情的来龙去脉讲给了对面的店老板，还说："亏了我对他这么好，每次来我这里住店都给他留出上等的房间，还不多收钱，吃饭也很便宜，还经常给他单做，我还隔三岔五地请他喝酒。我是把他当真朋友、好兄弟对待，可是你看他呢！"于是，他从房间的角落里拿来了那个羊皮套筒。对面的店主看到后，两眼放出光来，说："天呀！这是无价之宝。"之前那家店老板知道后，很是不解地问："这话怎么讲？"对面店主告诉他，这羊皮取自一种特殊的羊，这种羊天生长不大，最大也就跟兔子似的，几千只、几万只羊里也很难见到一只。这种羊不随群，因为怕热，所以经常到雪地里、水坑里去滚，因此，叫作"火羊"。因为长得小，套筒是用多只火羊皮拼成的，所以皮子显得很碎。这时，这家店老板才恍然大悟，悔恨交加，于是说："我真是眼瞎心也瞎！"

这个故事主要讲的是为人处世之道！

第二节　劳动课

这里给大家介绍老北京酱肉的方法。

一种是"酱方子肉"，用的是五花肉。把五花肉切成 5 寸左右的方块，锅内放入凉水。五花肉凉水下锅，水开后3～5分钟，把五花肉捞出。重新“起锅”，锅内一次性放好水，把五花肉放进锅内，根据自己家里的情况放调料。老北京用的调料是很简单的，只有大料、花椒、葱、姜、蒜、黄酱、甜面酱、酱油、醋、盐，是真正原汁原味的烹饪。五花肉煮好后，关火，盖上盖子，要焖制数小时，这样肉才能入味。把肉捞出来后，要先把汤水控干，再切成薄片，用烙饼卷着吃。

还有一种是“酱肘子”，也是用同样的烹饪方法。只是得先在生肘子上用刀划几条口子，为的是方便入味，再用麻绳将生肘子缠绑好，以防炖碎。

小雪谚语

小雪收葱，不收就空。
萝卜白菜，收藏窖中。
小麦冬灌，保墒防冻。
植树造林，采集树种。
改造涝洼，治水治岭。
水利配套，修渠打井。

立冬小雪北风寒，
棉粮油料快收完。
油菜定植麦续播，
贮足饲料莫迟延。

立冬小雪，抓紧冬耕。
结合复播，增加收成。
土地深翻，加厚土层。
压砂换土，冻死害虫。

劳动评说

通过以上的介绍，同学们可以发现老北京做法用的调料简单，但味道醇香，体现出的是简而不凡的智慧。在物质生活极大丰富的今天，同学们也要学会给自己的生活做“减法”，心不要过多为物所累、牵绊，学会享受简约之美。

第三节　营养课

积酸菜

我们都知道，到了立冬节气，北方地区把地里的大白菜收回来，该晾晒的晾晒，该储存的储存，留下半心儿的大白菜就可以积酸菜了。积酸菜比较简单，初中生完全可以胜任。

洗净容器

1. 先把半心菜清洗干净，控干生水。

2. 把积酸菜的容器清洗干净，不能有油。

3. 制作捞米饭。捞出来的米饭可以作为主食，剩下的米汤用来积酸菜。

焯菜

4. 烧一锅开水，倒进适量的米汤，再放适量的盐，可以放几粒花椒，晾凉备用。

5. 再烧一锅开水，直接把白菜放入锅里，快速捞出，趁热码入容器内，倒上调制好的汤。

6. 白菜上面压上重物，封口，不能进空气。腌制时间长些为宜，最好是 30 天后再吃，防止亚硝酸盐对健康的影响。

菜趁热放入容器

倒汤

封口

营养评说

中国制作酸菜的历史颇为悠久。制作酸菜的初衷是为了延长蔬菜的保存期限。酸菜中含有较多的有机酸，能开胃健食，增强代谢，促进消化。酸菜中含有大量的乳酸菌，乳酸菌群属于益生菌群，有促进肠道菌群健康的功效。但长期吃酸菜会造成维生素 C 缺乏及泌尿系结石等疾病。腌制食品经人体消化后可能会生成一种致癌物质亚硝胺，常吃对身体不利，有诱发癌症的风险。

腌制食品必须大量放盐，由此会导致此类食物中钠盐超标，常常进食会造成肾脏负担加重，增加发生高血压的风险。此外，盐分浓度高还会损害胃肠道黏膜，引发胃肠道炎症和溃疡。因此，腌制食品作为调剂口味，偶吃无妨，但不建议常食和多食。

第二十一章

大雪

公历每年

12月8日前后

太阳到达黄经255°时

为大雪

小雪应清肠

大雪宜进补

大雪时节，我国东北、西北地区平均气温已经降至零下10℃，黄河流域和华北地区气温也稳定在0℃以下。此时的北方，白雪皑皑，完全是一片冰雪世界。毛主席的《沁园春·雪》写道：“北国风光，千里冰封，万里雪飘。”在大雪这个节气里，天地间就是这么一派诗情画意的景象。

第一节　节气课

一、健康老师有话说

一是要吃饱，二是要穿好，三是要防冻：大雪是寒季的第二个节气，在这个节气里，大雪纷飞，天气寒冷，万物生机潜藏。为了吸取足够的能量来抵御风寒，人们开始进补了，这也是进补的大好时节。此时成年人容易热量超标引起肥胖，孩童容易积食着凉，积食必上火，内火加外寒，必生病。因此，滋补的同时别忘了吃些通气助消化的食物，如萝卜、山楂、白菜、苹果等。另外，由于气温变化较大，对于老年人来说，容易引发心脑血管疾病，所以日常生活中要做好防寒保暖工作，衣服要柔软宽松，保暖性能要好！

大雪节气后的养生法

一是要吃饱，一日三餐不能少；
二是要穿好，不冷不热不上火；
三是要防冻，不能冻手和冻脚；
要是冻手脚，千万不能用火烤。

大雪时节养生粥

小米牛肉青菜粥。

大雪时节养生汤羹

羊杂汤。

大雪的民俗饮食

什锦火锅。

二、地理老师有话说

在北方，西北风会更多、更大；而在南方，室内明显阴冷：在我国北方，到了大雪节气，才是真正到了严寒时节。特别是在西北、东北地区，到了大雪节气，真的是“大雪封断路”。在过去，很多地区是进不去也出不来的，交通完全处于断绝状态，要想恢复交通，只能等到第二年的“晚”春了。如果是在二十年以前，在北方路两边的农田里，就很少看见土地了，都是白茫茫的一片。在北方，室外的温度尽管是在白天也一定会在0℃以下，如果到了夜间，温度降到零下十五六摄氏度也不新鲜。以前，南方地区冬季温度最低也就是在0℃左右，而现在则不同了，南方到了冬天，温度一年比一年低。在过去，南方的老人们一辈子都没有见过雪的大有人在；而现在，特别是近几年来，南方下雪已成常态，而且是一年比一年大，这可能也是人们常说的“三十年河东，三十年河西”吧！到了大雪时节，北方的西北风会更多、更大，空气更加干燥；而在南方，室内明显阴冷。总之，到了大雪时节，无论在南方还是北方，人们的感觉都不是很好，出行也不是很方便。

三、生物老师有话说

棒打狍子，瓢舀鱼，野鸡飞到饭锅里： 20世纪80年代以前，在北京城外是可以经常见到野兔的。如果是在东北，那就是“棒打狍子，瓢舀鱼，野鸡飞到饭锅里”，也就是说，那个时候用木棍打一下都能打到狍子，人们用水瓢在河边舀水都能舀上鱼来，如果用室外的灶台焖米饭，野鸡都能飞到锅里去吃米。由此可见，过去的野生动物种类是多么丰富啊！

我国自古有“靠山吃山，靠水吃水”的生存传统，其实不无道理。因为有山可以采矿，有水可以捕鱼、运输、浇地，有森林可以伐木、打猎，有草原可以放牧，有平原的土地可以耕种。自古我们就是个充满智慧的勤劳民族。

四、化学老师有话说

酒精散热： 话说在很久以前，有三个人在茫茫的雪地里迷路了，一位是个富人，怀里揣着黄金；一位是个“酒鬼”，怀里揣了个酒葫芦；另一位是个穷人，怀里揣了几个窝头。到了夜里，三人坐在雪地上，“酒鬼”拿出酒葫芦喝酒，边喝边对旁边的两个人说：“还是酒好，酒能暖身子。”穷人开始啃窝头，但是越吃越冷。富人紧裹着皮衣，怀里抱着黄金。他们谁也不管谁，等待着别人来救援。最后救援的人来时，只有一个人活了下来了。

请问： 是谁活着？又是谁最先被冻死呢？

答案：

1.“酒鬼”最先被冻死。酒精会使人体感觉温暖，是因为使血流运行加速，体表毛细血管扩张，但同时也会使人体的热量散失得更快，并且人可以通过呼吸排出部分酒精，酒精在挥发的过程中也会带走人体的热量。人在雪地里得不到食物，不能补充热量，喝酒越多，散发热量就越快，被冻死得就越快。

2.第二个被冻死的人是怀里抱着黄金的富人，因为黄金再好、再贵、再值钱，也不能当饭吃。

3.最后，能够等到别人来救的人，是怀里揣了几个窝头的穷人。因此，后人把玉米面窝头比喻成“黄金塔”。在没有饭吃的情况下，窝头比黄金还要珍贵。

这个故事告诉我们，粮食是宝中宝，时时刻刻都要珍惜粮食。

第二节　劳动课

在北京的北部，如昌平、延庆等地区，到了秋后就开始建暖棚了。那时的暖棚是在地上先挖一定深的坑，在坑的四周砌上砖。北面高、南面低，东西成斜面在上面搭上木架，架上铺上塑料布，塑料布上有草帘子。白天有阳光时，把草帘子卷起来，阳光就能照射进暖棚。到了晚上，就把草帘子放下来保温用。暖棚里会生地炉子，还要保持一定的温度。暖棚里种植的各种蔬菜，在人工管理下都能很好地正常生长。

大雪谚语

冬季雪满天，
来岁是丰年。
冬天麦盖三层被，
来年枕着馒头睡。

在这样的条件下，学生们可以在大棚内不用的角落里堆放些杂草，放上秋天抓来的雌雄蝈蝈儿和蛐蛐儿。蝈蝈儿和蛐蛐儿会自己繁殖，到了大雪节气时，繁殖出来的小蝈蝈儿、小蛐蛐儿就能长大了。蝈蝈儿分两种：如果是从长城里面（南面）抓的，叫翡翠蝈蝈儿，是绿色的；如果是从长城外面（北面）抓的，叫铁蝈蝈儿，身体发黑色。

这些虫也叫“百日虫”，能存活一百天，如果养得好能超过一百天。除了自己玩，还能拿到市场上去卖。

蝈蝈也叫螽斯，繁殖能力强，故宫有螽斯门，是皇家祈求多子多福之意。蛐蛐即蟋蟀，斗蛐蛐自唐宋之时就是民间流行的游戏，现在民间也有组织斗蛐蛐比赛的，感兴趣的同学可以了解一下。

第三节　营养课

芥末墩

我们在小雪节气时把半心的大白菜积了酸菜。为了节约，不好的大白菜可以用来制作芥末墩。制作芥末墩要使用半心大白菜里面的心，外面的菜帮、菜叶可以晒干菜。制作芥末墩也很适合初中学生操作。

1. 把半心大白菜的心取出来清洗干净，控干水分，卷成卷，不能太紧也不能太松，用白线在每一寸处系上，系好后切段。

2. 把坛子清洗干净，用开水烫一下。

3. 烧一锅开水，把切好段的白菜立着码在漏勺里，快速放入快速捞出，码入坛子里，在菜的上面撒上芥末面和少许盐。

4. 重复烫菜，码放，一层菜、一层芥末、少许盐，全部码好封口，数天后即可。

选菜

捆菜

焯菜

码放

成品

营养评说

芥末墩儿是地道的百姓菜，过去一到冬天大白菜上市，老北京很多讲究的家庭都要做芥末墩儿。尤其是过年的时候，吃得比较油腻，想换换口味了，芥末墩儿就是最好的选择。清爽、利口，颇受老北京人喜爱，更是老北京年夜饭里必有的凉菜，被称为凉菜里的首席。因为年菜中大鱼大肉较多，吃口芥末墩儿能起到清口的作用，真是又甜又酸，又脆又辣，冲鼻通气，爽口解腻，滋味绝佳。

芥末的主要辣味成分是芥子油，其辣味强烈，可刺激唾液和胃液的分泌，有开胃促食欲之功。芥末也有很强的解毒功能，能解鱼蟹之毒，故生食三文鱼等生鲜食品，经常会配上芥末。

第二十二章

冬至

公历每年

12月21日至23日

太阳到达黄经270°时

为冬至

冬至前后，冻破石头。

《冬至数九歌》

一九二九不出手，

三九四九冰上走，

五九六九沿河看柳，

七九河开，八九雁来，

九九加一九，耕牛遍地走。

冬至过后，白昼时间渐长。此时全国进入了数九寒天，日平均气温已降至0℃以下。

冬至是寒季的第三个节气，是一年中白昼时间最短、夜晚时间最长的一天，阴盛阳衰，阴极生阳，阳气开始萌生。在此阴阳转换的时刻，也是人体阴阳气交的关键时刻。历代养生学家都非常重视这个节气的养生，因为人体的许多老毛病最容易在这一时期发作，如呼吸系统、泌尿系统疾病发病率相当高。为防止这一时期疾病的发生和促进人体的健康，日常生活中要安心静养，减少消耗；饮食上应以多样、清淡、温热、少缓为原则，少吃高糖、高脂肪、高盐的食物，多吃蛋白质、维生素、纤维素含量高的食物，如五谷杂粮、萝卜、大白菜、牛肉、羊肉、奶制品、豆制品、禽蛋类、菌藻类、坚果类等。

第一节　节气课

一、健康老师有话说

调养身体，合理饮食很重要：到了冬至，调养身体很重要。由于天气冷，体力劳动少，出汗也少了，而人们的进食量却变大了，并且动物类食物的比例加大了，夜里的睡眠时间也长了，这样就会出现人体摄入和消耗的失衡，基本上都是“入大于出”。所以，冬季是人们增长体重的时候。因此，冬季的合理饮食很重要。

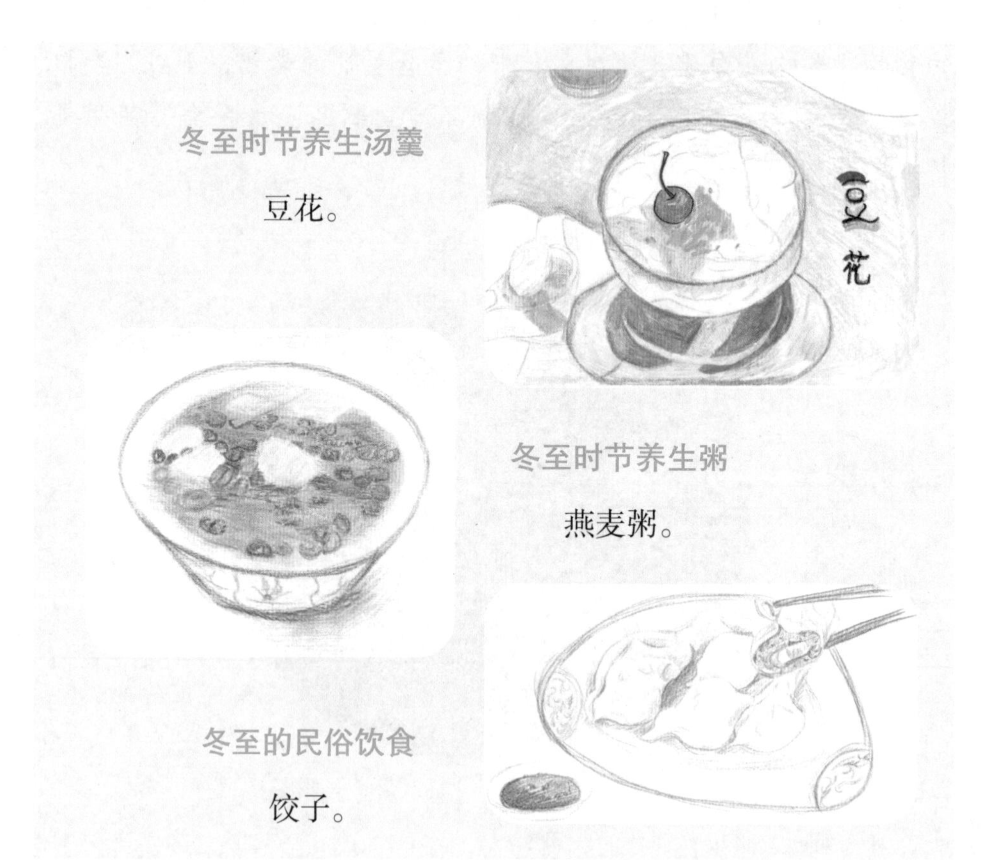

保持“进出”的平衡，饮食运动的平衡：冬至，人们的食肉量会增加，吃的主食也会增多。天气寒冷，人们的室外活动也相对减少。饮食的高热量与低运动量形成了显著的反差，因此，冬季成了人们“养膘”的时期。

到了冬至以后，无论南方还是北方的人们，每天都必须能够保持“进出”的平衡，外面冷，不出去，活动少，那就要少吃或吃些低热量的食物。如果要出去，活动多，就可以多吃点，吃些热量高的食物。否则，摄入大于消耗，脂肪就会堆积，造成肥胖。

二、地理老师有话说

白天是最短的，黑夜是最长的：在我国，到了冬至这天，白天是最短的，黑夜是最长的。在冬至以前，天黑得一天比一天早，过了冬至，天黑得一天比一天晚，这是由我国所处的地理位置决定的。到了冬至节气，北方已经非常冷了。在室外，真的是滴水成冰。过去，住平房的人最怕的是上厕所，所以北京人有一句调侃的话“冷厨房热茅房”，意思是说到了寒冷的天，从外面回来，赶紧跑进厨房，围着炉子转，边搓手烤手边跺脚，好像厨房才是最冷的地方；可是去厕所，是又脱衣服又脱裤子，好像厕所才是最暖和的地方，即使是露天厕所，也像是热得要脱衣服。老北京人的心理、思维都是很有意思的，传达了一种包容、乐观、开朗的人生态度，这也验证了“一方水土养一方人”的说法。

三、生物老师有话说

过去，北方冬季新鲜蔬菜很少：到了冬至以后，在北京地区，人们就要准备过年的食物了。我国目前大约有 200 种蔬菜，其中有一半左右是从国外传进来的。在这些蔬菜里，南北都能种植的有 40 ～ 50 种。这样就决定了每一个区域人们的饮食结构和饮食习惯的不同。北京地区主要种植大白菜、圆白菜、菜花、韭菜、菠菜、油菜、芹菜、香菜、莴笋、茄子、西红柿、辣椒、柿子椒、茴香、土豆、西葫芦、冬瓜、倭瓜、黄瓜、扁豆、大葱、蒜、洋葱和萝卜等，但是这些蔬菜的生长都有很强的季节性，都是相对怕冷的。所以在过去，北京人到了秋后就很难吃到新鲜的蔬菜了，而由于交通不便，很多南方的蔬菜也不容易进京。在南方，由于地理位置优越，只要不出现社会的动荡，是饿不死人的，因为可吃的东西太多了，全世界有 35000 多种植物可供人类食用，而在我国就占了十分之一（3500 多种），并且主要生长在我国的南方。

四、道德老师有话说

勤俭节约过日子：在我国，每年的冬至，是白天最短、夜里最长的日子，也是一年当中最为寒冷的日子。无论是阳历还是阴历，都是一年即将结束的日子。冬至过后就离过年不远了，有阳历的新年（元旦），也有阴历的小年、春节，所以冬至一过，在我国，不分南北，人们都要开始准备过年了。在外的人要回家，所有的人都要准备年货。在过去，无论富家还是穷家，都是非常重视过年的，穷人更是看重过年，只有这一天才是平静无事的一天。因为在过去，无论别人欠你多少债，你欠别人多少债，在过年这天是不能上门讨债的。所以，穷人、欠债的人是喜欢过年的。

在过去，有个穷人，从小父母双亡，靠沿街乞讨长大，长大以后也是好吃懒做。他从小看见别人家过年自己就很是难过，特别是看到富人家的日子，就非常眼红，自己暗暗地发誓：“等我有了钱，我也天天过年。”后来他真的得了一笔意外之财，一夜之间暴富了，于是忘乎所以了，买了一所宅院，请了一位厨子。马上吩咐厨子给他包饺子，并且每天三顿吃饺子。等厨子把煮熟的饺子端上桌后，他夹起饺子从“肚”那里咬一口，只把饺子“肚”给吃了，周围的边沿不吃，扔掉了。厨子看后说：“东家，您不能浪费，不能只吃肚不吃边。”他对厨子说：“这才是真正的富人过年、富人吃饺子！”厨子很是心疼他扔下的饺子边，就把他每顿扔的饺子边儿捡起来，放到阳光下晒干收起来。这样一年一年过去了，这个人由于好吃懒做，把全部财产花光了，最后连宅院也卖了，把厨子也辞掉了。再后来，他又开始沿街乞讨了。

在一次乞讨时，他走进一户人家，求人家给口饭吃，当男主人从屋里走出来后，他一看，原来正是自己辞掉的厨子。于是这个男主人给他煮了一碗“面片”吃，他端起碗来，吃得那叫一个香。等他吃完后，男主人问他吃得香不香，他说非常香。男主人告诉他，这碗里的面片就是他扔掉的饺子边，而且男主人还对他说：“我这还有几大包你以前扔的饺子边。”后来，男主人就把他留了下来，每天给他煮以前剩下来的饺子边吃，他很是惭愧，并且暗暗地下定决心，一定要找个活干，靠自己的劳动养活自己，还要勤俭节约地过日子。于是他就租了几亩地，每天去地里干活，耕地、翻地、整地、播种、浇水、施肥，等到他把厨子留给他的饺子边儿全部吃完后，他种的新粮食也下来了，他留够自己一年吃的口粮，还把余粮拿到集市上卖了，除了缴上地主的地租外，还有了余钱，这样反复了几年，终于自己买了地盖了房，后来又娶了媳妇生了娃，知道了什么是过年，什么是生活！

第二节　劳动课

在没有冰箱的年代，到了小寒节气，人们会开始储藏冰。北京德胜门外有个地方叫冰窖胡同，以前就是用来储藏冰的。在北海附近，过去也有储藏冰的。

储藏冰时，先在空地上挖坑，要有一定的深度，在坑的四周砌上砖墙，下面铺上砖，上面用木头搭顶，木头上面盖上苇席和草帘子，上面再盖上一定厚度的土，冰窖就建成了，出口是个大斜坡，方便进冰出冰，再安好门。

冬至谚语

冬至在头，冻死老牛；
冬至在中，单衣过冬；
冬至在尾，没有火炉会后悔。
犁田冬至内，一犁比一金；
冬至前犁金，冬至后犁铁。

在冰窖的地上铺上木板。为了控水，木板要垫起来。冰窖的地上还要有沟，是“走”水用的。冰不能被水泡，一泡就融化了。在附近的河里，河水冻到一定厚度时，可以用铁凿子把冰凿成一定规格的长方形，再用铁钩子把冰勾出来直接顺着冰面拉到冰窖里储藏，还要在冰上面盖上棉被。为了方便储存，过去的冰窖都是建在水边的。

在有条件的地方，同学们也可以体验凿冰运冰的过程。

制冰

劳动评说

在没有电器的时代，古人也用智慧度过炎炎夏日。早在先秦时期，就已经有“凌人”这一职业，负责在冬天凿下河湖里的冰块，并把它们储藏至夏天。聪明的古人还考虑到，随着天气逐渐变暖，冰有融化之虞，所以早在冬季凿冰的时候，就会按预计用冰数量的三倍来取冰储藏。无论是古代的冬冰夏用，还是现代空调的发明，都是人类顺应自然、战胜自然的智慧体现。

第三节　营养课

麻豆腐

原料：生麻豆腐（能在专卖店里买到）、腌雪里蕻、青豆、干辣椒、羊尾油、食用油。

制作：雪里蕻切碎、干辣椒切成5毫米段，用水先泡一下。锅中加入羊尾油，放入雪里蕻炒至断生，放入生麻豆腐炒熟炒香后倒入盘里，在麻豆腐上面挖坑，在坑里放进干辣椒段。干净锅里放油，油温到七八成热后，倒在辣椒上。

营养评说

麻豆腐与豆汁是同一属性，由同一种原料和方法制成，发酵后的豆汁用火烧开，用布过滤后流下去的是豆汁，布上边控净水分的就是麻豆腐。由于经过发酵，麻豆腐与豆汁一样有一种特殊的酸香味。老北京人也特别爱吃麻豆腐，就像绍兴人爱吃炸臭豆腐干一样。

麻豆腐由于是用绿豆为原料，所以具有开胃、助消化、清内热等食疗功效。

第二十三章

小寒

公历每年

1月6日前后

太阳到达黄经285°时

为小寒

小寒小寒

无风也寒

小寒时节到，大地原来积蓄的热量已耗散到最低值，来自北方的强冷空气及寒潮冷风频繁侵袭中原大地，我国大部分地区进入“出门冰上走”的三九严寒。要说一年之中何时最冷，估计就是这会儿了。小寒是寒季的最后一个节气，老话说：“夏练三伏，冬练三九。”这会儿正是人们加强锻炼、提高身体素质的关键时刻。从中医学角度来说，人体抵御寒冷、病邪靠的是阳气，只有阳气充足，才能百毒不侵、百病不生。

第一节 节气课

一、健康老师有话说

冬吃萝卜夏吃姜：小寒时节，日常生活中防寒保暖很重要，冻疮是这个时节常见的皮肤病，这是因为皮肤长期受寒冷（10℃以下）另外，防寒保暖时别忽视了脚部，寒从脚起，冬季感冒一般都是因为脚部受寒。饮食上应适当选择补阳养血的食物，如羊肉、牛肉等红肉类，多吃海参、鸽肉等高蛋白、易吸收、易消化的食物。这个季节也是口角炎的高发期，因为天气寒冷、气候干燥，缺少时令的蔬菜瓜果，建议吃些动物肝脏、瘦肉、禽蛋、牛奶、五谷杂粮等食物。更重要的是要补的同时还要防燥，防“上火”。所以，白菜、萝卜不能少，老北京有“冬吃萝卜夏吃姜”的养生传统。

小寒时节养生汤羹

鱼肚乳鸽汤。

小寒的养生茶

普洱茶。

小寒的民俗饮食

虎皮冻。

二、地理老师有话说

观天气，看年景： 大寒小寒又是一年，“观天气，看年景”是在我国农村居民都很熟悉的事情，所以每年从小寒到大寒，天气的变化就很重要了。因为每年的小寒、大寒时节，在我国都是降水最少的时候。如果在这段时间里持续地无降水，北方没雪，南方无雨，那第二年农作物的收成就会成问题。所以在我国的农业上有丰年、平年、灾年的说法，造成灾年的原因主要有三种：一是涝，二是旱，三是虫害。小寒节气处在寒冬的“三九”时，也已经接近了腊月（农历十二月）。因此，到了小寒节气，也就进入了冬天寒冷的高峰期。

三、生物老师有话说

天上无鸟，树上无叶，地上无草： 到了小寒节气，我国北方是天上无鸟（鸟少），树上无叶，地上无草，河里无水（结冰），路上无人

（以前冬天冷，没人出门）。在过去，我国南方到了小寒节气，虽然也会冷些，但是对木本植物的影响不大，对于草本植物会有一些影响。可是从近两年的情况来看，南方到了小寒节气以后，有些地区开始出现降雪天气，而且降雪的区域越来越大，降温的幅度也越来越大。南方地区的低温、降雪天气，不只给人们的出行造成困难，而且对室外的时令农作物也造成了毁灭性的灾害。在我国的东北，到了小寒节气，在冰水中捕鱼是每年都要做的工作，在冰面上砸几个窟窿，把粘网从冰窟窿顺下去，从另一个冰窟窿拉上来，网上就会有很多的鱼。在这个时节捕上来的鱼是最肥的，而且也容易运输和储存。

四、历史老师有话说

我国传统的民风民俗：中国自古有祭天地、祭祖宗的传统，北京除了有天坛、地坛、月坛、日坛，还有先农坛。先农坛按照字义是农坛在先，因为自古以来人们进行祭奠的祭品都离不开食物。比较典型的例子，今天老北京的砂锅白肉就是由皇宫祭祀的祭品衍生出来的。最初，祭祀用完的整猪会被扔掉，后来小太监们把用完的整猪卖给了商户，再后来小太监们把用完的整猪进行加工后卖熟食，制作出来的就是今天的砂锅白肉了。

民间有说法认为收成与我们的十二属相有关，认为“牛马年好种田”，遇到龙年和蛇年容易闹水灾，其实是没有道理的。关于十二属相，在民间也有多种说法。有一种说法认为，古人编制十二属相时，是找了十二类都有缺陷的动物，其目的就是告诉人们，谁也别瞧不起谁，谁都有缺点，谁都有不足之处，人本来就不应该分高低贵贱。

五、化学老师有话说

皮毛的制作和清洗：在过去，特别是我国的北方地区，到了小寒节气以后，天气是“伤皮冻骨”，所有的人外出时都会捂得很严实，过去的御寒主要是靠棉衣、皮衣。下面介绍一下“生毛皮”怎么成为“熟毛皮”的。在过去，人们会把新宰杀的羊或其他动物的皮，用钉子钉在墙上，晾干后，按照皮子的多少，把皮硝放在大缸里，用水化开，把生皮子放进去，在上面压上石头，使生皮子完全泡在水里，一周左右后，把生皮子捞出，固定在木架子上，用专用的刀把皮子里面的脏东西、油脂、烂肉等铲干净，然后进行清洗，清洗后放到阴凉通风处晾干，晾干后用手反复搓揉，至变软为止。这就把生毛皮给“熟”好了。在这里，放皮硝的量是最重要的，如果放少了，脏的油脂就下不来。皮硝也叫芒硝，它的化学式为 $Na_2SO_4 \cdot 10H_2O$，具有很强的去污、去油的作用。

再介绍一个皮毛脏了清洗的方法。先将皮子的毛面向上铺好，在毛的上面均匀地喷上白酒，要选择度数高的。喷完白酒后，把生的黄米面倒进箩里，在皮毛上筛匀，然后用手去揉搓，毛很快就会干净，恢复本色，最后把皮衣挂在阴凉通风处，用木棍把黄米面拍打干净即可。白酒的主要成分是乙醇，化学式是 C_2H_6O，结构简式是 CH_3CH_2OH，具有消毒、灭菌、防腐的作用，容易挥发。

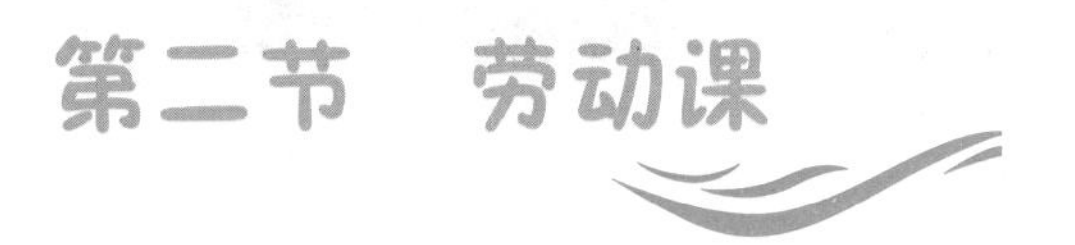

第二节　劳动课

北方地区，特别是东北地区、内蒙古，在过去到了深冬就开始收皮毛了，如羊皮、牛皮，甚至是兔皮、貂皮等。在收皮货时，首先要确定动物是什么时候宰杀的。在小雪、大雪节气后宰杀的最好。

小寒谚语

小寒大寒寒得透，
来年春天天暖和。
小寒大寒不下雪，
小暑大暑田开裂。

初中生劳动可以“洗”家里原有的皮毛制品。无论是什么皮毛，现在都是用化学清洗剂进行清洗，过去是用白酒、黄米面进行清洗。

1. 先将要清洗的皮毛制品铺平，有毛的一面在上，往上喷白酒。白酒喷好后，把黄米面倒进箩里，用手拿着箩在皮毛上晃动，使黄米面均匀地撒在皮毛上，用双手揉搓皮毛，如果皮毛不太脏，一次就能干净；如果皮毛很脏，可反复几次。这种传统清洗皮毛的方法，无论是什么皮毛，都不会对其造成损伤。

2. 如果是卷毛的羊皮制品，清洗后有的毛会发“直”，不像原来那样卷曲。不要紧，皮毛洗好后，天冷的晚上，在皮毛的上面多喷些凉水，拿到室外放一夜就会自然卷起恢复原样。

喷白酒

撒黄米面，揉搓皮毛

喷水晾制

劳动评说

现代社会，由于环保意识和动物保护意识的增强，已经不提倡穿皮草了，尤其是一些珍惜野生动物皮毛制成的衣物。但是对以放牧为生的人们来说，牲畜的皮毛是重要的生活物资和经济来源。因此，要在保护动物，尤其是野生动物的基础上，尊重各地区、各民族的生活习惯和生活方式。

第三节　营养课

炖肉

原料：五花肉切成骰子块，胡萝卜切成滚刀块，土豆切成滚刀块，豆腐切成半寸块。

制作：

1. 锅里要放足量的水，再放入八角、桂皮、葱、姜、五香粉、酱油、盐等。放入肉块，大火烧开改小火，炖至七成熟后关火。

2. 大盆底部放上胡萝卜块，码上土豆块，再码上豆腐块。

3. 在豆腐块上码上一层炖至七成熟的肉块，再把肉汤慢慢地倒入盆里，然后把盆放到火上慢炖。炖好了吃的时候，连盆一起端上餐桌。

等把上面的炖肉夹完后，就是红红的炖豆腐了，吃着也很香。豆腐吃完了，就看见炖土豆了，这时感觉还可以。土豆吃完了，就剩下盆底的胡萝卜了。

营养评说

经济困难时期，日常生活物资都是凭票限量供应的，那时候凭票买到的猪肉很少，根本不够一大家人解馋的，所以只能在炖肉的时候搭上一些根茎类蔬菜和豆制品。这些菜的特点是经得起久炖，还能吸进肉汤，具有肉的味道，能满足那个年代，人们肚内没有油水，想大口吃肉的渴望。

随着生活水平的提高，我们现在餐桌上的油水已经过剩了，由此引发的慢性生活方式病也居高不下了。由此看来，过去困难时期的这种菜多肉少的荤素搭配方式，很值得推崇。

第二十四章

大寒

公历每年

1月20日前后

太阳到达黄经300°时

为大寒

寒风刺骨　冻肤伤心

糖助其里　脂阻于外

饱则盛势　饥伤损体

大寒大寒　防风御寒

进入大寒，气象学六季的第一季——风季就开始了。大寒期间，寒潮南下活动频繁，我国大部分地区风大，低温使地面积雪不化，呈现出冰天雪地、天寒地冻的严寒景象。此时北方冷空气势力强大，空气干燥，雨雪较少，是一年中降水最少的时期，这会儿风邪初起，伴随着寒冷的天气，风与寒两股邪气最容易合伙侵犯人的体表。因此，应注意防寒保暖，坚持耐寒锻炼，增强血液循环，提高人体抵抗能力，防止冻疮、呼吸系统疾病及各种老毛病的复发。

大寒小寒又是一年，大寒前后常与农历岁末相重合。小年后，人们就开始忙着迎接除夕和春节，春节是一年中最为重要也是最盛大的节日，此时人们无论离家多远，都要赶回来过春节，吃团圆饭。在过年的时候，家家户户是要喝酒的。年三十喝酒是有特殊规矩的，平时喝酒都是长辈先喝，晚辈后喝，但年三十是相反的，因为年三十的酒叫“屠苏酒”，必须“幼者先喝，长者后喝；幼者得年，长者失年”。

老北京有“进腊过年”之说，人们很早就开始准备年货，如蒸馒头、蒸豆包、蒸包子、蒸糖三角、蒸年糕、炸油饼、炸麻花、炸排叉、炸咯吱、做豆腐、炸豆腐鱼儿、炖肉、炸丸子、炸年糕。

第一节　节气课

一、健康老师有话说

多补充水分，多吃含维生素A、维生素E的食物，防止手脚干裂和眼干唇裂：到了大寒节气，在我国北方地区，天寒地冻，北风呼啸，天干物燥，常使人们的口鼻“冒烟”，喉干口渴。所以在北方，到了大寒节气后，人们更要多补充水分，多吃含维生素A、维生素E的食物，防止手脚干裂和眼干唇裂，少吃辣的食物，保证蔬菜、水果的摄入量，防肝火、肺火、胃火。外出注意保暖，要戒烟限酒。

天气最冷的时候，如本身有抑郁倾向或平时工作压力过大的人，在这段时间进入敏感期，不良情绪如不及时排解就容易影响健康。日常生活中除了要坚持锻炼身体，饮食也应适当增加能量高的食物，补充蔬菜和水果，吃饭时多喝些汤类，煲汤养生很重要。

大寒时节养生粥

八宝粥。

大寒时节养生汤

花生凤爪汤。

大寒的民俗饮食

涮羊肉。

过年期间的养生也很重要：大寒节气以后，在我国，人们开始准备年货了。过年（春节）是全中国人的一件大事，过年吃什么也是家家户户的大事。现在人们的生活好了，富裕了，但“过年病”也多起来了，大吃大喝、熬夜打牌是通病，患心脑血管疾病等慢性病的人，在过年时候发病，甚至死亡的人也是越来越多。所以过年期间的养生也很重要。

老北京过年的顺口溜：

小小子儿，你别烦（馋），过了腊八就是年；腊八粥，喝几天；哩哩啦啦二十三；二十三，糖瓜黏；二十四，扫房日；二十五，炸豆腐；二十六，煮白肉；二十七，杀公鸡；二十八，把面发；二十九，蒸馒头；三十晚上熬一宿。大年初一去拜年，不要铜子要洋钱。初一的饺子，初二的面，初三的饸子往家转；破五吃饺子，十五吃元宵。

二、地理老师有话说

严寒也难阻挡人们回家的脚步：在每年的阳历（公历）一月份里，就到了大寒节气。在我国的北方地区，到了大寒节气，北风刺骨，寒冷无比，而且此时是降水最少的时间段。因此，天气既干又燥，还冷。如果是在我国西北、东北的严寒地区，到了大寒节气，在正常年份里，温度降到 –30 ～ –20℃很常见。在大寒节气里，北方的晴天还是很多的。在我国的南方地区，到了大寒节气，大部分的地方温度都很低，只有海南岛一带温度能够达到 20℃以上。在这个节气里，南方地区的降水量也是全年当中最少的。大寒也是冬季的最后一个节气，到了大寒离春节就不远了。所以，每年大寒过后，在外地的人，就该陆陆续续返家了，严寒也难阻挡人们回家的脚步。

三、生物老师有话说

室外的植物完全失去了生机，野生动物也面临着寒冷的威胁：到了大寒节气，在我国的北方地区，室外的植物已经完全失去了生机，只有麦苗能够藏在雪地里生存。冬小麦只要有冰雪盖在上面，就能够生存下来。冬小麦不怕冰雪，最怕干旱，如果麦田的地被风给吹干了，冬小麦就会死掉。到了大寒节气，在北方地区，地上的动物都懒得跑了，树上的鸟也都懒得叫了。野外的动物也越来越瘦了，食物的获取也越来越困难了，就连喝水也会成为一大难题。在我国南方，到了大寒节气，在正常的年份里，动植物的生存是没有问题的，但是近些年，南方出现极端天气的次数越来越多，因此，对南方的农作物和野生动物的危害是很大的。现在，极端天气已经不再是局部地区的环境问题了，而是世界性的问题。

四、历史老师有话说

“腊八蒜”“腊八粥”的历史传说：大寒时节是在腊月里，“腊八”是我国民间的一个传统节日。对于“腊八”，人们都知道是泡“腊八蒜”的日子，也是喝“腊八粥”的日子。泡“腊八蒜”的历史有很久了，“腊八”这天泡的“腊八蒜”在过去主要是在春节时候吃，除夕和大年初一吃饺子时，吃“腊八醋”“腊八蒜”。实际上我们现在平时在吃饺子、面条时也能够经常吃上“腊八醋”“腊八蒜”。但是喝“腊八粥”却不同了，一般的人家还是保留着在“腊八”这天早晨喝“腊八粥”的传统。

关于喝“腊八粥”，在我国的民间有一个传说。话说在很久以前，在农村有一户人家，老两口是老来得子，所以对儿子百般地疼爱，后来发展到溺爱。这个儿子好吃懒做，饭来张口，衣来伸手，地里的农活完全由老两口去耕作。后来儿子长大了，老两口给儿子娶了个媳妇，没想到娶进门的儿媳妇比儿子还懒，什么事情都不做，家中里里外外还都是由老两口去打理。老两口每年都把打下来的粮食放在不同的粮食囤里。过去的粮食囤用砖或石块打底，要高于地面，为了防水防潮，形状为圆形，再转圈用圆木钉在地里，圆木与圆木之间的距离要合理，在圆木里围上几层芦苇席，底下也要铺上芦苇席，把打下的粮食直接倒进去，再在上面用芦苇席制成圆的尖顶，最后用绳子捆绑好，捆结实了，这样就不怕刮风下雨了。老两口年复一年、日复一日地劳作，积攒下了八种不同的粮食。老父亲由于年迈，先去世了，临去世前把儿子、儿媳妇叫到炕边。中国有句话“知子莫若父”，老人知道儿子好吃懒做，指望不上，所以对儿媳妇说：“等我死后你要把家管起来。”于是把钥匙交到儿媳妇的手里，把家托付给了儿媳妇。可是在老人死后，儿子和儿媳妇仍然什么都不做，比着懒，根本不去地里干农活，只能靠着老母亲干点活。再后来老母亲也劳累过度，病倒在炕上，老母亲在弥留之际想，老伴在去世前把家托付给了儿媳妇，可是儿媳妇什么都没做，看来儿媳妇是指望不上了，还得指望自己亲生的儿子。于是老母亲把儿子、儿媳妇叫到炕边，把钥匙从儿媳妇手里要了过来，交到了儿子手里，千叮咛万嘱咐，叫儿子把地种上，好好地过日子。儿子答应下来后，老母亲也去世了。在父母都去世后，儿子、儿媳妇更加轻松了，更没有压力了，没人管了，没人唠叨了，更是什么都不干了。慢慢地把父母留下来的八囤粮食在"腊八"前都给吃完了。到了"腊八"的早晨，实在是饿得不行了，于是俩人把八个粮囤的囤底子用笤帚扫了又扫，终于在每个囤子底下，各扫了一小把粮食。当小两口看见扫起来的八小把粮食，真是四目泛光，就好像见到八种宝贝一样。然而，扫出来的粮食只够熬粥的，于是小两口熬了一锅粥。把粥喝完后，从此再也没有可吃的了，后来，小两口被饿死了。

这个故事告诉我们，人一定要勤劳，人靠劳动才能活着的，靠自己的劳动才能够生存下去。为了训诫后人，人们把"腊八"这天熬的粥称为"腊八粥"，也是教育人们，无论在什么情况下，都不能溺爱孩子，溺爱就是在害孩子。可是今天，仍有数不胜数的父母在溺爱孩子，而且是有过之而无不及。

对于"腊八粥"的起源。也有说是与佛祖释加牟尼有关的。释迦牟尼生活在距今两千多年前，而我们的"腊八粥"据历史记载始于宋代，诗人陆游有诗为证。

第二节 劳动课

大寒是二十四节气里的最后一个节气，大寒过后就要准备春忙了。在过去，到了大寒节气，人们就要维护、维修、保养农具了。

> **大寒谚语**
>
> 大寒不寒，
> 人畜不安。
> 大寒不冻，
> 冷到芒种。

犁是春天耕地使用的工具，主要有以下几种：

1. 双人抬的犁。两个人并挑着，用后肩抬着一根长圆木，圆木的中心位置垂着一根木头，木头的头连结着犁，后面的人用脚踩着，三个人一起往前走，犁就会把地犁开了。

2. 用手拉着的犁。前面一个人牵着一头牛，牛拉着一个犁；后面一个人用双手扶着犁，用力往下压着走，地就犁开了。

3. 机械犁是使用拖拉机拉着犁。

前两种犁是单个犁，耕的地比较浅。而机械犁很重，是成组的，自身的重量就能深深地插入地下，耕地很深。

检修农具主要是看犁是否有缺损，刃是否快，人用的、牛用的犁绳子是否结实，木把有没有松动的。

检修犁

劳动评说

通过动手检修农具，学生们可以更好地了解农具的工作原理，学习其中涉及的物理知识，并同时培养动手能力，也可结合实际需要对现有农具进行创新性改造，培养创造思维。

第三节　营养课

烧麦的制作

原料：烫面皮（面粉 500 克，沸水 175 克，冷水 100 克）、肉馅（猪肉 250 克，菜馅 400 克，酱油 75 克，葱、姜、蒜少许）。

制作：用沸水烫面，搅拌，再加些冷水揉匀，饧些时间搓条下剂，擀成裙边形包上馅，要求 1 寸高。蒸时屉上刷些油，烧麦 1 两 6 个，旺火蒸 7 ～ 8 分钟。

营养评说

烧麦起源于元代初期，历史悠久，也叫烧卖。烧麦形如石榴，洁白晶莹，薄皮大馅，清香可口，兼有小笼包与锅贴之优点，民间常作为宴席佳肴。

烧麦因食材、做法各异，口味和营养也有很大不同。如有在烧麦馅料上突出四季特色的：春以青韭为主，夏以羊肉西葫为优，秋以蟹肉馅最为应时，冬以三鲜为当令。但无论何地何款烧麦，大都以皮薄剔透、色泽光洁，入口醇香、味道鲜美，软而喷香、油而不腻为特色。